新型农民农业技术培训教材

无公害蔬菜标准化
生产技术

崔朴周　李芳功　孙树卓　主编

U0322527

中国农业科学技术出版社

图书在版编目(CIP)数据

新型农民农业技术培训教材/崔朴周,李芳功,孙
树卓主编.—北京:中国农业科学技术出版社,2012.8
ISBN 978 - 7 - 5116 - 1048 - 5

Ⅰ.①无… Ⅱ.①崔…②李…③孙… Ⅲ.①蔬菜园
艺 – 无污染技术 Ⅳ.①S63

中国版本图书馆 CIP 数据核字(2012)第 190781 号

责任编辑　张孝安　白姗姗
责任校对　贾晓红　郭苗苗

出 版 者　中国农业科学技术出版社
　　　　　北京市中关村南大街 12 号　邮编:100081
电　　话　(010)82109708(编辑室) (010)82109704(发行部)
　　　　　(010)82109703(读者服务部)
传　　真　(010)82109709
网　　址　http://www.castp.cn
经 销 者　新华书店北京发行所
印 刷 者　北京富泰印刷有限责任公司
开　　本　850mm ×1 168mm　1/32
印　　张　7
字　　数　176 千字
版　　次　2012 年 8 月第 1 版　2012 年 8 月第 1 次印刷
定　　价　20.00 元

《无公害蔬菜标准化生产技术》
编委会

主　　编：崔朴周　李芳功　孙树卓

副 主 编：靳俊英　赫长建　翟庆慧　李东锋　孙红霞

编写人员：(按姓氏笔画排序)

王旭东　王红霞　卢铁柱　卢柳燕　孔　涛

马常洲　李进中　冯　亮　闫迎迎　杨　芳

原维梓　徐念宁

前　言

"民以食为天，食以安为先"。随着社会经济快速发展和人民生活水平日益提高，人们对无污染和绿色食品的需求也越来越强烈。蔬菜是人们日常生活不可缺少的重要农产品，其质量安全状况，直接关系人民群众的身体健康乃至生命安全。当前蔬菜生产中普遍存在着病虫害种类多、发生频繁、用药量大等不良现象，而化学农药防治仍是控制蔬菜病虫害的主要措施。如何科学合理地使用农药，实现蔬菜无公害标准化生产，已成为蔬菜生产中亟待解决的突出问题。

2012 年是全国农业科技促进年。为进一步提升农民群众的科学素质，普及无公害蔬菜标准化生产技术，帮助广大农民朋友学科技、用科技，依靠科技实现增收致富的愿望，编者从满足当前新型农民培训、阳光工程培训、科技入户工程培训的实际需求出发，组织一些长期从事基层农业科技推广的专家，在认真总结实践经验的基础上，共同编著了《无公害蔬菜标准化生产技术》一书。

本书有以下特点：

一是注重实用，根据当前常规蔬菜品种无公害标准化生产的实际需要，少理论阐述，多实用技术介绍。

二是针对性强，语言通俗易懂，深入浅出，适合初中以上文化程度的农民朋友和基层从事农业科技推广工作人员学习参考。

三是内容全面，本书详细地介绍了冬瓜、花椰菜、菠菜、大白菜、白萝卜、甘蓝、大葱、西葫芦、芹菜、茄子、辣椒、黄瓜、番茄等十余种常见蔬菜品种的无公害标准化生产技术。重点讲解了蔬菜无公害生产中的病虫害综合防治技术，包括无公害蔬菜的概念和生产要求、无公害蔬菜生产中的病虫害防治措施和合理用药原则、科学使用农药的基本原理，以及重要病虫防治方法等。书中描述了蔬菜生产中多种病虫为害的典型特征、发生规律及科学防治方法，尤其对化学防治方法中所应用的各种药剂，根据无公害蔬菜标准化生产的要求就使用剂量进行了科学定量。

在编写过程中，由于笔者水平有限，加之编写时间仓促，不足之处在所难免，恳请读者批评指正，以便今后修改。

编者
2012 年 7 月

目　录

第一章 无公害蔬菜标准化生产技术规程

第一节 冬瓜生产技术规程

(一)范围

本标准规定了冬瓜生产的产地环境要求和生产管理措施。本标准适用于河南省境内的冬瓜生产。

(二)规范性引用文件

GB 4285 农药安全使用标准

GB 16715.1-1999 瓜菜作物种子瓜类

GB/T 8321.1~8321.8 农药合理使用准则

GB 18406.1-2001 农产品安全质量 无公害蔬菜安全要求

GB/T 18407.1 农产品安全质量 无公害蔬菜产地环境要求

NY/T 496 肥料合理使用准则 通则

中华人民共和国农业部公告 第199号

(三)术语与定义

下列术语与定义适用于本标准。

1. 带帽

瓜苗出土时有部分种壳仍夹在子叶上未脱落的现象,称为带帽。

2. 安全间隔期

最后一次施药至采收时允许的间隔天数。

3. 保护设施

在不适宜植物生长发育的寒冷、高温、多雨季节,人为地创造适宜植物生长发育的微环境所采用的设施。

4. 日光温室

由采光和保温维护结构组成,以塑料薄膜为透明覆盖材料,东西向延长,在寒冷季节主要依靠获取和蓄积太阳辐射能进行蔬菜生产的保护设施。

5. 塑料拱棚

采用塑料薄膜覆盖的不同跨度的圆拱形棚,其骨架常用水泥预制、竹、木、钢材或复合材料建造而成。

6. 改良阳畦

由保温和采光维护结构组成,东西向延长的小型简易保护设施。

(四)产地环境要求

符合 GB/T 18407.1 的要求。

(五)生产管理措施

1. 前茬

非葫芦科作物。

2. 土壤条件

宜选择地势较高、排灌方便的不同质地土壤。

3. 生产季节

(1)日光温室常为冬春生产(10月上旬到12月上旬育苗)、塑料拱棚常为早春生产(1月上旬到2月上旬育苗)。

(2)春夏季露地生产(2月下旬到4月上旬育苗)。

(3)夏秋露地生产(4月中旬到5月下旬育苗或直播)。

4. 品种选择

选用抗病、优质、丰产、耐贮运、商品性好、适合市场的品种。

日光温室冬春生产、塑料拱棚早春生产应选择短蔓中、小果型早熟品种。

5. 种子质量

种子质量应符合 GB 16715.1－1999 要求。

6. 育苗

（1）育苗设施的要求

①改良阳畦：跨度约 2.0～3.0 米，北面墙体高度约 1.0～1.5 米，墙体用土或其他保温材料叠砌而成，东西两面墙体为北高南低，采光面呈坡状，上铺设塑料薄膜或其他保温材料。

②塑料拱棚：

塑料小拱棚：矢高 1.0～1.3 米，跨度 1.0～3.0 米，长度不限；

塑料中拱棚：矢高 1.5～2.0 米，跨度 4.0～6.0 米，长度不限；

塑料大拱棚：矢高 2.5～3.0 米，跨度 6.0～12.0 米，长度 30.0～60.0 米。

③日光温室：矢高 3.0～4.5 米，跨度 7.0～12.0 米，长度 50.0～100.0 米。

（2）育苗方式

根据生产季节和方式，可在改良阳畦、塑料拱棚、温室和露地育苗。要求采用容器或营养土块护根育苗。

（3）营养土配制

选用近 3 年来未种过瓜类蔬菜的 60% 肥沃田园土与 40% 腐熟厩（圈）肥充分混合过筛，在混合时每立方米营养土中加入 $N:P_2O_5:K_2O$ 为 15:15:15 的三元复合肥或相应养分的单质肥料混合 1 千克拌匀后，用多菌灵 50% 可湿性粉剂 25～30 克喷洒营养土消毒。肥料使用要符合 NY/T 496

3

规定。

（4）种子用量

每亩种子用量为,露地生产 50 ~ 75 克,保护设施生产 200 ~ 300 克。

（5）种子处理

①消毒:先用清水洗净种子,然后保持 55℃恒温浸种 15 分钟,再用清水浸种 10 小时,捞出放入 10%磷酸三钠溶液浸泡 20 分钟,再捞出用清水冲洗 3 次以上。

②催芽:种子洗净后,擦去浮水,置于 28 ~ 30℃恒温条件下催芽。未出芽前,每天用清水漂洗种子 1 次,并及时将水分滤干,再继续催芽,70% 的种子胚根达到 1 ~ 3 毫米时播种。

③播种:把配制好的营养土装入育苗营容器内浇足底水,营养土块育苗的平铺到育苗床内,浇足水后,划成 10 厘米 × 10 厘米的营养土块。将一粒催好芽的种子平播入育苗容器或营养方土块中间,覆上营养土 1.0 ~ 1.5 厘米,轻轻压实。

（6）苗期管理

①环境调控:

温度——育苗时温度白天为 25 ~ 28℃,夜间 13 ~ 15℃。

光照——冬春季育苗时要保证苗床光照充足。

水分——要保持培养土润湿。冬春季育苗需要补水时,宜在上午浇水,配合覆土保墒。

②摘帽:在早上浇水后种壳未干时用手轻轻将带帽摘除,尽量避免弄伤子叶。

③施肥:二叶一心期每 10 平方米淋施 10% 稀沼液水或 0.3% ~ 0.5%三元复合肥液 5 千克 1 次,四叶期结合喷药,喷施 1 次叶面肥。肥料使用应符合 NY/T 496 通则。

④炼苗:定植前 7 ~ 10 天开始炼苗,使苗床环境尽量与定植环境相近,并控制水分。

（7）壮苗标准

株高 13～15 厘米,茎粗 0.5 厘米,4～5 片真叶。茎叶完整、无病虫。

7. 田间管理

（1）施基肥及整地

每亩施充分腐熟的农家肥 4 000～5 000 千克,过磷酸钙 40～50 千克,硫酸钾复合肥 20～30 千克,尿素 10 千克,2/3 普施深翻 30 厘米以上,经太阳晒白,再沟施余下的 1/3 肥料。使用肥料要符合 NY/T 496 通则。

（2）做畦盖膜

①保护设施生产:按 70 厘米等行距起单垄,垄高 15 厘米,宽 25 厘米,覆地膜。

②露地生产:水田按 200～300 厘米等行距起单垄,垄高 15～20 厘米,宽 25～30 厘米,覆地膜。旱地、坡地按 200～300 厘米等行距开定植沟,沟深 10～15 厘米,沟宽 20～25 厘米,覆地膜。

（3）定植

①定植前准备:移栽前瓜苗要带药、带肥、带水。

②定植时间:根据生产季节及壮苗标准要求,适时进行定植。保护地生产选择晴天定植;露地定植选择阴天或晴天下午定植。

③定植密度:保护设施生产,株距 50～70 厘米,每亩可植 1 300～2 000 株。露地生产,株距 80～100 厘米,每亩可植 200～400 株。

④定植方法:采用穴栽法,定植于垄背或定植沟中央。定植时每穴浇水 1～2 千克,再用干土把穴口封好,用土压紧四周地膜,防止植株叶片与地膜接触。

（4）水肥管理

①水分:定植结束后及时沿定植带浇透定植水。缓苗后,选

晴天浇一次缓苗水。以后适当蹲苗 7～15 天,开始抽蔓时结束蹲苗,浇一次抽蔓水,促秧快速生长。雌花呈现后要适当控水,第二雌花坐瓜后,浇一次透水,果实膨大期需水量最大,应保持土壤湿润。

②施肥:地膜覆盖生产一般施 5 次肥。使用肥料要符合 NY/T 496 通则。促苗肥在瓜苗定植后,新叶开始生长,随缓苗水,每亩冲施沼渣沼液 250 千克或尿素 5 千克。

抽蔓肥应随抽蔓水每亩施三元复合肥 20 千克。

促瓜肥在定瓜后,一般连续追肥 3 次。第一次每亩施三元复合肥 20 千克;然后每隔 7～10 天施 1 次,连续施 2 次,每次每亩用量在 10～15 千克。

(5)植株调整

整蔓:保护地冬瓜,宜用搭架生产。搭架时要求一行一架,架高 100 厘米左右。采用单蔓整枝,瓜蔓在地面交叉,绕一圈后引蔓上架。露地生产,宜采用伏地生产。在 4～5 节以上开始留侧枝。瓜田爬满秧后除去部分无瓜侧枝。坐瓜住后用土压蔓,在距根部 1.6～2 米处压蔓。主蔓伸长到 3.0 米时打顶。

(6)留瓜节位

从第二雌花开始选留坐瓜。

(7)授粉及定瓜

保护地生产,开花后要采用激素和人工辅助授粉双重处理措施。第二瓜胎雌花开放后,于上午 8～9 时用 20～50 毫克/千克的 2,4-D 涂抹花瓜柄,11 时前后进行人工授粉,每株处理两个雌花,坐稳瓜后选留 1 个瓜,其余要及时摘除。当第 1 瓜定个后,在侧蔓上选留第 2 个瓜。

8.病虫害防治

(1)主要病虫害

为害冬瓜生产的病虫害有:猝倒病、立枯病、疫病、白粉病、炭疽病、枯萎病、病毒病、蚜虫、蓟马、美洲斑潜蝇、白粉虱。

（2）防治原则和要求

预防为主,综合防治。优先采用农业防治、物理防治、生物防治,科学合理地结合化学防治,将冬瓜有害生物的为害控制在允许的经济阈值以下,达到生产安全、优质的目的。农药施用要采用合理混用、轮换、交替用药。严格执行 GB 4285、GB/T 8321.1~8 及中华人民共和国农业部第 199 号公告的规定。

（3）农业防治

针对当地主要病虫控制对象,选用高抗多抗的品种。实行与非瓜类作物轮作倒茬。保持苗床较低的湿度和适合的温度,预防苗期猝倒病和炭疽病;培育适龄壮苗,提高抗逆性。

（4）物理防治

①糖酒液诱杀:按糖、醋、酒、水和 90% 敌百虫晶体 3∶3∶1∶10∶0.6 比例配成药液,放置在田间诱杀成虫。

② 运用诱虫板、杀虫灯诱杀害虫:也可覆盖或悬挂银灰色地膜驱避蚜虫。

③保护地生产利用防虫网、遮阳网防虫防病。

（5）生物防治

采用微生物制剂如棉铃虫核型多角体病毒、斜纹夜蛾核型多角体病毒、甜菜夜蛾核型多角体病毒、小菜蛾病毒及白僵菌、苏云金杆菌制剂等进行生物防治。或采用微生物源农药如阿维菌素、农用链霉素及植物源农药如藜芦碱、苦参碱、印楝素等生物农药防治病虫害。

（6）化学防治

大田病虫害防治使用药剂时严格按照 GB 4285、GB/T 8321.1~8 规定执行。主要病虫害防治的选药用药技术参见附录 A。

（六）采收

根据市场需要和生育期及时收获,采收时要保留瓜柄,采收前 7 天停止灌水。产品质量必须符合 GB 18406.1－2001 要求。

附录 A

（资料性附录）

主要病虫害防治药剂推荐表

防治对象	农药名称	有效成分(%)	剂型	每亩制剂量（克）	使用方法
猝倒病立枯病	敌克松	90	可湿性粉剂	400～600	土壤消毒
	恶霉灵	30	水剂	100～200	喷雾
	烯酰吗琳锰锌	69	可湿性粉剂	200～300	喷雾
疫病	烯酰锰锌	69	可湿性粉剂	100～140	喷雾
	三乙膦酸铝	90	可溶性粉剂	100～200	喷雾
	百菌清	75	可湿性粉剂	110～150	喷雾
	霜脲锰锌	72	可湿性粉剂	120～170	喷雾
	甲霜灵	25	可湿性粉剂	350～440	喷雾
	霜霉威盐酸盐	722 克/升	水剂	60～100	喷雾
	百菌清	45	烟剂	250～400	熏雾
白粉病	氟菌唑	30	可湿性粉剂	15～20	喷雾
	腈菌唑	25	乳油	8～16	喷雾
	苯醚甲环唑	10	水分散粒剂	50～70	喷雾
炭疽病	代森锰锌	70	可湿性粉剂	150～250	喷雾
	咪鲜胺	25	乳油	30～50	喷雾
	嘧菌酯	25	悬浮剂	10～20	喷雾
枯萎病	敌克松	90	可湿性粉剂	200～400	喷淋根部
	恶霉灵	30	水剂	30～60	喷淋根部
	双效灵	10	水剂		喷淋根部
病毒病	吗啉胍乙酮	20	可湿性粉剂	70～250	喷雾
	烷醇硫酸铜	1.5	乳油	50～75	喷雾
	宁南霉素	2	水剂	75～100	喷雾
蚜虫	吡虫啉	10	可湿性粉剂	10～15	喷雾
	啶虫脒	3	乳油	40～50	喷雾
	高氯啶虫脒	5	乳油	30～40	喷雾
	除虫菊素	5	乳油	30～50	喷雾

（续表）

防治对象	农药名称	有效成分(%)	剂型	每亩制剂量(克)	使用方法
蓟马	氟虫腈	5	悬乳剂	17～40	喷雾
	丁硫百克威	20	乳油	60～130	喷雾
	多杀菌素	2.5	悬浮剂	35～50	喷雾
白粉虱	扑虱灵乳油	25	可湿性粉剂	20～40	喷雾
	阿克泰	25	水分散剂	25～40	喷雾
	吡虫啉	10	可湿性粉剂	30～60	喷雾
美洲斑潜蝇	灭蝇胺	50	可湿性粉剂	20～30	喷雾
	阿维菌素	1.8	乳油	15～20	喷雾
	氟虫腈	5	悬浮剂	17～40	喷雾

注:以上农药使用药剂及剂量仅举例说明,相同有效成分的其他剂型及新上市的农药产品,需经无公害蔬菜生产管理部门同意,方可在无公害蔬菜生产基地使用,要严格按照农药安全使用准则及使用说明执行上述药剂应交替使用

第二节　花椰菜生产技术规程

(一)范围

本标准规定了花椰菜生产的产地环境要求和生产管理措施。

本标准适用于河南省境内的花椰菜生产。

(二)规范性引用文件

下列文件中的条款通过本标准的引用而成为本标准的条款。凡是注日期的引用文件,其随后所有的修改单(不包括勘误的内容)或修订版均不适用于本标准,然而,鼓励根据本标准达成协议的各方研究是否可使用这些文件的最新版本。凡是不注日期的引用文件,其最新版本适用于本部分。

GB 4285　农药安全使用标准

GB/T 8321.1～8　农药合理使用准则

GB 16715.4－1999　瓜菜作物种子 花菜类

GB 18406.1－2001　农产品安全质量　无公害蔬菜安全要求

GB/T 18407.1　农产品安全质量　无公害蔬菜产地环境要求

NY/T 496　肥料合理使用准则　通则

中华人民共和国农业部公告　第 199 号

(三)术语与定义

下列术语和定义适用于本标准。

1.未熟抽薹

花椰菜在形成花球之前,经过一定的低温条件,或在幼苗期就满足了它们的春化条件,栽植后不形成花球,而直接抽薹开花的现象。

2.莲座期

从第一叶序环的 5～8 片叶展开,到莲座叶全部展开,并出现花球为止的时期。

3.安全间隔期

最后一次施药至采收时允许的间隔天数。

4.保护设施

在不适宜植物生长发育的寒冷、高温、多雨季节,人为创造适宜植物生长发育的微环境所采用的设施。

5.日光温室

由采光和保温维护结构组成,以塑料薄膜为透明覆盖材料,东西向延长,在寒冷季节主要依靠获取和蓄积太阳辐射能进行蔬菜生产的保护设施。

6. 塑料拱棚

采用塑料薄膜覆盖的不同跨度的拱圆形棚,其骨架常用水泥预制、竹、木、钢材或复合材料建造而成。

7. 改良阳畦

由保温和采光维护结构组成,东西向延长的小型简易保护设施。

(四)产地环境要求

符合 GB/T 18407.1 的要求。

(五)生产管理措施

1. 生产季节的划分

(1)春花菜。冬、春育苗,春定植,春、夏收获。

(2)秋花菜。夏季育苗,夏、秋定植,秋、冬收获。

(3)冬花菜。秋育苗,秋、冬定植,冬、春收获。

2. 育苗

(1)育苗设施的要求

①改良阳畦:跨度约 2.0～3.0 米,北面墙体高度约 1.0～1.5 米,墙体用土或其他保温材料叠砌而成,东西两面墙体为北高南低,采光面呈坡状,上铺设塑料薄膜或其他保温材料。

②塑料拱棚

塑料小拱棚:矢高 1.0～1.3 米,跨度 1.0～3.0 米,长度不限;

塑料中拱棚:矢高 1.5～2.0 米,跨度 4.0～6.0 米,长度不限;

塑料大拱棚:矢高 2.5～3.0 米,跨度 6.0～12.0 米,长度 30.0～60.0 米。

③日光温室:矢高 3.0～4.5 米,跨度 7.0～12.0 米,长

度 50.0~100.0 米。

（2）育苗方式。根据生产季节和方式不同要采用不同的保护设施育苗。冬春季育苗,根据气候情况,选用改良阳畦、塑料拱棚、温室保护设施或露地育苗。夏秋育苗要有防雨、防虫、遮阳等保护设施。

（3）品种选择。春季塑料大、中、小拱棚保护设施及露地春花菜生产选用耐低温、耐抽薹、冬性强、生长势强、商品性好的春季生态性品种,保护设施生产宜选用春季生态性早熟品种;秋花菜生产选用冬性弱、较耐热、高产、耐贮藏的秋季生态性品种。

（4）种子质量。应符合 GB 16715.4 – 1999 中的花椰菜良种指标。

（5）种子用量及种子处理

①用种量:每亩用种 50~100 克。

②干燥处理:播前进行晾晒,禁忌暴晒。

③种子消毒:用百菌清 75% 可湿性粉剂按种子重量的 0.4% 拌种或用甲霜灵 25% 可湿性粉剂按种子重量的 0.3% 拌种。凡经过包衣的或丸粒化的种子不再进行处理,直接使用。

（6）育苗床准备

①床土配制:选用近三年来未种过十字花科蔬菜的 60% 肥沃田园土与 40% 腐熟厩(圈)肥充分混合,在混合时每立方米营养土加入 $N: P_2O_5: K_2O$ 为 15:15:15 的三元复合肥或相应养分的单质肥料混合均匀待用 1 千克拌匀。过筛后铺于苗床,床土厚度 10 厘米。

②床土消毒:用 50% 多菌灵可湿性粉剂与 50% 福美双可湿性粉剂按 1:1 比例混合,或 25% 甲霜灵可湿性粉剂与 70% 代森锰锌可湿性粉剂按 9:1 比例混合,按每平方米用药 8~10 克与 4~5 千克过筛细土混合,播种时 2/3 铺于床面,1/3 覆盖在种子

上。出苗后可再覆层药土。

(7)播种

①播种期:根据花菜的品种、熟性,在一年中的不同季节采用不同的品种。一般早春塑料大、中拱棚花椰菜生产,11月上中旬到12月上中旬阳畦或温室育苗;小拱棚或地膜春季生产,12月中下旬到1月上旬播种阳畦或温室育苗;露地春花椰菜根据不同熟性的品种,11月中下旬到2月上旬阳畦或温室育苗;露地秋花椰菜生产6月中下旬至7月中下旬。冬花椰菜生产,8月上中旬。夏秋季育苗,要使用小拱棚育苗,覆盖遮阳网或旧薄膜,遮阳防雨。

②播种方法:浇足底水,水渗后覆一层细土(或药土),将种子均匀撒播于床面,或划8厘米×8厘米方格后穴播,覆土0.6~0.8厘米。

(8)苗期管理

①温度:苗期温度管理见表1。

表1　冬春季育苗苗期温度管理

时　　期	白天适宜温度(℃)	夜间适宜温度(℃)
播种至齐苗	20~25	18~15
齐苗至分苗	18~23	15~12
分苗至缓苗	20~25	16~14
缓苗至定植前10天	18~23	15~12
定植前10天至定植	15~20	10~8

②间苗:分苗前间苗1~2次,拉开苗距2~3厘米,去掉病苗、弱苗及杂苗,间苗后覆土1次。

③分苗:当幼苗3~4片真叶时,按10厘米×10厘米行株距,在分苗床上开沟,坐水栽苗或直接分苗于育苗容器内。

④分苗后管理:缓苗后划锄 2~3 次,床土不旱不浇水,浇水宜浇小水或喷水。定植前 7 天浇透水,1~2 天后起苗囤苗,并进行低温炼苗。露地夏、秋育苗,分苗后要用遮阳网防暴雨,扣20~30 目尼龙网纱防虫网防虫,同时既要防止床土过干,又要在雨后及时排除苗床积水。

⑤壮苗标准:植株健壮,株高 12 厘米以下,5~7 片叶,叶片肥厚蜡粉多,根系发达,无病虫害。

3. 定植前准备

(1)前茬。为非十字花科蔬菜。

(2)整地。露地生产采用平畦,保护地采用半高畦。

(3)基肥。有机肥与无机肥相结合。在中等肥力条件下,结合整地每亩施优质有机肥(以优质腐熟猪厩肥为例)5 000~6 000 千克,配合施用氮、磷、钾复合肥 25~30 千克。肥料使用要符合 NY/T 496 规定。

(4)保护设施消毒。45% 百菌清烟剂,每亩用 180 克,密闭烟熏消毒。

4. 定植

(1)定植期。一般早春塑料大、中拱棚花椰菜生产 2 月上中旬;小拱棚或地膜春季生产 2 月中下旬;露地春花椰菜根据不同熟性的品种 3 月上中旬到 4 月上旬;露地秋花椰菜生产 7 月中下旬至 8 月中下旬。冬花椰菜生产,9 月上中旬。

(2)定植方法。穴植,冬春季覆盖地膜。按行株距要求开沟或挖穴,坐水栽苗,也可培土后立即浇水。

(3)定植密度。根据品种特性、气候条件和土壤肥力,每亩定植早熟种 3 000~4 000 株,株行距(40~45)厘米×(42~48)厘米,中熟种 2 400~3 300 株,株行距(40~50)厘米×(50~55)厘米,晚熟或开展度大的品种 2 000~2 500 株,株行距(50

~55)厘米×(55~60)厘米。

5.定植后管理

(1)生长前期(缓苗至莲座期)。定植后4~5天浇缓苗水,随后中耕结合培土2~3次。保持土壤见干见湿。进入莲座期时要进行蹲苗,早、中熟种蹲苗7~10天,晚熟种10~15天。蹲苗结束后结合浇水每亩追施复合肥20~25千克和尿素10~15千克1~2次。以后应适当多浇水,以保持土壤湿润,下雨时应注意排水。春季保护设施生产的适宜温度为白天15~20℃,夜间5~10℃。

(2)生长中、后期(花球形成期)。浇水以保持土壤湿润为原则,花球显现后5~7天浇1次水。当心叶开始旋拧时,随浇水每亩追施1次肥,用0.2%的硼砂溶液、0.2%磷酸二氢钾叶面喷施1~2次。当花球直径3~4厘米时,结合浇水每亩再追施1次硫酸钾5~10千克和尿素10~15千克,中晚熟种可7~10天后再随水追1次肥。花球基本长成后要停止浇水追肥。春季保护设施生产的适宜温度白天控制在15~20℃,最高不超过25℃。夜间8~12℃。秋季延后生产要根据天气变化及时扣棚覆膜或进行假植贮藏。

(3)盖花球。花菜受到日照、霜冻后颜色变黄变紫,影响品质,当花球直径5~8厘米时要束叶或折叶盖花,以保持花球洁白。

6.病虫害防治

(1)主要病虫害。花椰菜生产的病虫害有霜霉病、黑茎病、黑斑病、黑腐病、细菌性黑斑病、蚜虫、棉铃虫、菜青虫、小菜蛾、甜菜夜蛾等。

(2)防治原则和要求。预防为主、综合防治。优先采用农业防治、物理防治、生物防治,科学合理的结合化学防治,将结球甘蓝有害生物的为害控制在允许的经济阈值以下,达到生产安

15

全、优质的目的。农药施用要采用合理混用、轮换、交替用药。严格执行 GB 4285、GB/T 8321. 1~8 及中华人民共和国农业部第 199 号公告的规定。

（3）农业防治

①针对主要病虫控制对象,选择高抗多抗的品种。

②创造适宜的生育环境条件,提高抗逆性;清洁田园,做到有利于植株生长发育,避免侵染性病害发生。

③实行严格轮作制度,避免与十字花科作物连作。

（4）物理防治

①糖酒液诱杀:按糖、醋、酒、水和 90% 美曲膦酯晶体 3:3:1:10:0.6 比例配成药液,放置在田间诱杀成虫,并可根据诱杀量及雌、雄虫的比例预测成虫发生期。

②运用诱虫板:或杀虫灯诱杀害虫、覆盖银灰色地膜驱避蚜虫。

③保护地生产:利用防虫网、遮阳网防虫防病。

（5）生物防治

采用微生物制剂如苏云金杆菌、棉铃虫核型多角体病毒水分散粒剂、斜纹夜蛾核型多角体病毒水分散粒剂、甜菜夜蛾核型多角体病毒水分散粒剂、小菜蛾病毒及白僵菌、苏云金杆菌制剂等进行生物防治。或采用微生物源农药如阿维菌素、农用链霉素及植物源农药如藜芦碱、苦参碱、印楝素等生物农药防治病虫害。

（6）化学防治

病虫害防治使用药剂时严格按照 GB 4285、GB/T 8321. 1~8321. 8 规定执行。主要病虫害防治的选药用药技术参见附录 A。

（7）花椰菜常见病虫害及有利发生条件见附录 B。

（六）采收及后续管理

花球充分长大紧实,表面平整,基部花枝略有松散时采收为

宜,也可根据市场需求及时采收。产品质量必须符合 GB
18406.1 -2001 要求。

附录 A

(资料性附录)

主要病虫害防治药剂推荐表

防治对象	农药名称	有效成分含量(%)	剂型	每亩制剂量(克)	使用方法
霜霉病黑茎病	烯酰·锰锌	69	可湿性粉剂	100~140	喷雾
	三乙膦酸铝	90	可溶性粉剂	500~1 000	喷雾
	百菌清	75	可湿性粉剂		喷雾
	霜脲·锰锌	72	可湿性粉剂	110~150	喷雾
	甲霜灵	25	可湿性粉剂	120~170	喷雾
	霜霉威盐酸盐	722 克/升	水剂	350~440	喷雾
	百菌清	45	烟剂	60~100	熏雾
黑斑病	代森锰锌	70	可湿性粉剂	150~250	喷雾
	咪鲜胺	25	乳油	30~50	喷雾
	嘧菌酯	25	悬浮剂	10~20	喷雾
	多氧霉素	10	可湿性粉剂	100~140	喷雾
	阿司米星	1	水剂	400~600	喷雾
黑腐病细菌性黑斑病	硫酸链霉素	72	可溶性粉剂	15~30	喷雾
	链·土	90	可溶性粉剂	10~15	喷雾
	中生菌素	3	可湿性粉剂	75~100	浸种+灌根
	络氨铜锌	14	水剂	80~120	喷雾
	氢氧化铜	77	可湿性粉剂	50~70	喷雾
蚜虫	吡虫啉	10	可湿性粉剂	10~15	喷雾
	啶虫脒	3	乳油	40~50	喷雾
	高氯·啶虫脒	5	乳油	30~40	喷雾
	除虫菊素	5	乳油	30~50	喷雾

（续表）

防治对象	农药名称	有效成分含量(%)	剂型	每亩制剂量(克)	使用方法
棉铃虫 菜青虫 小菜蛾 甜菜夜蛾	棉铃虫核型多角体病毒				
	斜纹夜蛾核型多角体病毒	600亿PIB/克	水分散粒剂	2~3	喷雾
		200亿PIB/克	水分散粒剂	4~6	喷雾
	甜菜夜蛾核型多角体病毒	300亿PIB/克	水分散粒剂	4~6	喷雾
	苏云金杆菌	8 000IU/毫克	可湿性粉剂	50~100	喷雾
		50克/升	乳油	40~80	喷雾
	氟啶脲	40	乳油	50~70	喷雾
	辛硫磷	18克/升	乳油	35~50	喷雾
	阿维菌素	100克/升	乳油	20~35	喷雾
	联苯菊酯	25克/升	乳油	15~20	喷雾
	氯氟氰菊酯	25克/升	悬浮剂	35~20	喷雾
	多杀霉素	50克/升	悬浮剂	15~30	喷雾
	氟虫腈	552.5克/升	乳油	30~60	喷雾
	氯氰·毒死蜱 虫酰肼	200克/升	悬浮剂	65~100	喷雾

注：以上农药使用药剂及剂量仅举例说明，相同有效成分的其他剂型及新上市的农药产品，需经无公害蔬菜生产管理部门同意，方可在无公害蔬菜生产基地使用，要严格按照农药安全使用准则及使用说明执行上述药剂应交替使用

附录B
（资料性附录）
花椰菜常见病虫害及有利发生条件

病虫害名称	病虫源	传播途径	适宜条件
霜霉病	真菌（霜霉芸薹属变种）	土壤、病残体，风雨和气流	气温20~24℃ 相对湿度70%~75%
黑斑病	真菌（甘蓝链格孢菌）	种子、气流	气温10~35℃ 湿度大或肥力不足

（续表）

病虫害名称	病虫源	传播途径	适宜条件
黑腐病	细菌（油菜黄单胞菌油菜致病变种）	种子、菜苗、农机具、暴风雨	高湿,气温 25～30℃ 连作或偏施氮肥
灰霉病	真菌（灰葡萄孢菌）	病残体、气流、雨水	气温 13～19℃ 相对湿度 90% 以上
黑胫病	真菌（黑胫茎点霉）	病残体、种子、土壤、雨水	潮湿多雨或雨后高温
细菌性黑斑病	细菌（丁香假单胞斑点致病变种）	病残体、种子、土壤	雨后,气温 25～27℃
小菜蛾	鳞翅目菜蛾科	成虫短距离迁飞	气温 20～30℃
菜青虫	鳞翅目　粉蝶科	成虫短距离迁飞	气温 20～25℃ 相对湿度 76%
蚜虫	同翅目　蚜科	有翅蚜短距离迁飞	气温 16～17℃
甜菜夜蛾	鳞翅目夜蛾科	成虫迁飞	高温干燥

第三节　菠菜生产技术规程

（一）范围

本标准规定了菠菜生产的产地环境要求和生产管理措施。本标准适用于河南省境内的菠菜生产。

（二）规范性引用文件

下列文件中的条款通过本标准的引用而成为本标准的条款。凡是注日期的引用文件,其随后所有的修改单（不包括勘误的内容）或修订版均不适用于本标准,然而,鼓励根据本标准达成协议的各方研究是否可使用这些文件的最新版本。凡是不注日期的引用文件,其最新版本适用于本部分。

GB 4285　农药安全使用标准

GB/T 8321.1~8321.8　农药合理使用准则

GB　16715.5-1999　瓜菜作物种子　叶菜类

GB 18406.1-2001　农产品安全质量　无公害蔬菜安全要求

GB/T 18407.1 农产品安全质量　无公害蔬菜产地环境要求

NY/T 496　肥料合理使用准则　通则

中华人民共和国农业部公告　第 199 号

(三)产地环境要求

符合 GB/T 18407.1 的要求。

(四)生产管理措施

1.生产季节

(1)春季生产。冬末春初播种,春季上市的茬口。

(2)夏季生产。春末播种,秋季上市的茬口。

(3)秋季生产。秋季播种,秋冬季上市的茬口。

(4)越冬生产。秋末或冬季播种,冬春上市的茬口。

2.施基肥及整地

每亩撒施腐熟农家肥 4 000~5 000 千克,过磷酸钙 50 千克,硫酸钾 20 千克,尿素 20 千克,深翻 25~30 厘米。整平耙细做畦,畦面宽 1.0~1.5 米,畦埂宽 25 厘米。肥料使用要符合 NY/T 496 规定。

3.品种选择

春季和越冬生产应选择耐寒性强、冬性强、抽薹晚、抗病、优质、丰产的品种;夏季生产和秋季应选用耐热、耐抽薹、抗病、优质、丰产的品种。

4.种子质量

种子质量应符合 GB 16715.5 - 1999 良种指标。

5.播种

(1)播种期。根据气象条件和品种特性选择适宜的播期。春菠菜,当土壤表层 4~6 厘米解冻后,或日平均气温达 4~5℃时,即可播种;秋茬在 8 月中旬到 9 月下旬播种;越冬茬在 10 月中旬到 11 月中旬播种。

(2)种子处理。为提高发芽率,播种前先进行晒种 1~2 天,然后用凉水浸种 3~4 小时,捞出沥干,直播。

(3)播种方法及播种量。播种方法以撒播、条播为主,也可采用穴播。条播行距 10~15 厘米,开沟深度 5~6 厘米。一般每亩春季和秋季播种 2.0~3.0 千克,如采用经过脱壳处理的种子为1.5~2.0 千克。夏季播种和冬季播种 3.0~4.0 千克,如采用经过脱壳处理的种子为 2.0~3.0 千克。多次采收生产需增加播种量,可加大到 7.0~8.0 千克,如采用经过脱壳处理的种子为4.0~5.0 千克。播前先浇水,播后保持土壤湿润。

6.田间管理

(1)春季生产

前期温度较低适当控水,后期气温升高加大浇水量,保持土壤湿润。3~4 片真叶时,结合浇水,每亩追施尿素 7~10 千克,7 天后结合浇水,再追肥一次。6 叶后,结合间苗分批开始采收。

(2)夏季、秋季生产

气温较高,播种后覆盖稻草或麦秸降温保湿,种子出土后及时揭开覆盖物。浇水应轻浇、勤浇,保持土壤湿润和降低土壤温度;二片真叶时,适当间苗,株距 5~8 厘米较适宜;3~5 片真叶时,开始结合灌水进行追肥 2~3 次,每次每亩追施尿素 7~10 千克。

（3）越冬菠菜的田间管理

①越冬前管理：越冬菠菜出苗后，适当控制浇水使根系向纵深发展。2～3 片真叶后，每亩随浇水施用尿素 10～12 千克，然后浅中耕、除草。封冻前以 4～6 片叶为宜。

②越冬期间管理：土壤封冻前应加覆地膜或小拱棚。一般在土壤昼消夜冻时，浇足封冻水。

③返青期管理：在耕作层已解冻，菠菜心叶开始生长时，选择晴天开始浇返青水。返青水宜小水勤浇（盐碱地除外）。越冬菠菜从返青到收获期间应保证充足的水肥供应。每浇两次水，随水追肥一次，追肥量为每次每亩施用尿素 7～10 千克。

（五）病虫害防治

1. 主要病虫害

为害菠菜生产的病虫害有霜霉病、病毒病、蚜虫、菜青虫、甜菜夜蛾、小菜蛾等。

2. 防治原则和要求

预防为主，综合防治。优先采用农业防治、物理防治、生物防治，科学合理地结合化学防治，将菠菜有害生物的为害控制在允许的经济阈值以下，达到生产安全、优质的目的。农药施用要采用合理混用、轮换、交替用药。严格执行 GB 4285、GB/T 8321.1～8 及中华人民共和国农业部第 199 号公告的规定。

3. 防治方法

（1）农业防治

①针对不同种植季节的主要病虫控制对象，选择适合本季生产的抗（耐）病性好的优良品种。

②清洁田园，优化生产管理措施。

（2）生物防治

采用微生物制剂如苏云金杆菌、棉铃虫核型多角体病毒水分散粒剂、斜纹夜蛾核型多角体病毒水分散粒剂、甜菜夜蛾核型多角体病毒水分散粒剂、小菜蛾病毒及白僵菌、苏云金杆菌制剂等进行生物防治。或采用微生物源农药如阿维菌素、农用链霉素及植物源农药如藜芦碱、苦参碱、印楝素等生物农药防治病虫害。

（3）物理防治

①运用诱虫板、杀虫灯诱杀害虫、覆盖或悬挂银灰色地膜驱避蚜虫。

②保护地生产利用防虫网、遮阳网防虫防病。

（4）化学防治

病虫害防治使用药剂时严格按照 GB 4285、GB/T 8321.1 ~ 8321.8 规定执行。主要病虫害防治的选药用药技术参见附录 A。

（六）采收与后续管理

随各地区不同市场要求,结合菠菜生长情况分期采收。产品质量必须符合 GB 18406.1 - 2001 要求。

附录 A

（资料性附录）

常见病害防治推荐使用药剂

防治对象	农药名称	有效成分含量(%)	剂　　型	每亩制剂量(克)	使用方法
霜霉病	烯酰·锰锌	69	可湿性粉剂	100 ~ 140	喷雾
	三乙膦酸铝	90	可溶性粉剂	100 ~ 200	喷雾
	百菌清	75	可湿性粉剂	110 ~ 150	喷雾
	霜脲·锰锌	72	可湿性粉剂	120 ~ 170	喷雾
	甲霜灵	25	可湿性粉剂	350 ~ 440	喷雾
	霜霉威盐酸盐	722 克/升	水剂	60 ~ 100	喷雾

（续表）

防治对象	农药名称	有效成分含量(%)	剂型	每亩制剂量(克)	使用方法
病毒病	吗啉胍·乙酮	20	可湿性粉剂	170~250	喷雾
	烷醇·硫酸铜	1.5	乳油	50~75	喷雾
	宁南霉素	2	水剂	75~100	喷雾
蚜虫	吡虫啉	10	可湿性粉剂	10~15	喷雾
	啶虫脒	3	乳油	40~50	喷雾
	高氯·啶虫脒	5	乳油	30~40	喷雾
	除虫菊素	5	乳油	30~50	喷雾
菜青虫 甜菜夜蛾 小菜蛾等	棉铃虫核型多角体病毒	600亿PIB/克	水分散粒剂	2~3	喷雾
	斜纹夜蛾核型多角体病毒	200亿PIB/克	水分散粒剂	4~6	喷雾
	甜菜夜蛾核型多角体病毒	300亿PIB/克	水分散粒剂	4~6	喷雾
	苏云金杆菌	8 000IU/毫克	可湿性粉剂	50~100	喷雾
	氟啶脲	50克/升	乳油	40~80	喷雾
	辛硫磷	40	乳油	50~70	喷雾
	阿维菌素	18克/升	乳油	35~50	喷雾
	联苯菊酯	100克/升	乳油	20~35	喷雾
	氯氟氰菊酯	25克/升	乳油	15~20	喷雾
	多杀霉素	25克/升	悬浮剂	35~20	喷雾
	氟虫腈	50克/升	悬浮剂	15~30	喷雾
	氯氰·毒死蜱	552.5克/升	乳油	30~60	喷雾
	虫酰肼	200克/升	悬浮剂	65~100	喷雾

注：以上农药使用药剂及剂量仅举例说明，相同有效成分的其他剂型及新上市的农药产品，需经无公害蔬菜生产管理部门同意，方可在无公害蔬菜生产基地使用，并要严格按照农药安全使用准则及使用说明执行上述药剂应交替使用

第四节 大白菜生产技术规程

(一)范围

本标准规定了大白菜生产的产地环境要求和生产管理措施。

本标准适用于河南省境内大白菜生产。

(二)规范性引用文件

下列文件中的条款通过本标准的引用而成为本标准的条款。凡是注日期的引用文件,其随后所有的修改单(不包括勘误的内容)或修订版均不适用于本标准,然而,鼓励根据本标准达成协议的各方研究是否可使用这些文件的最新版本。凡是不注日期的引用文件,其最新版本适用于本部分。

GB 4285 农药安全使用标准

GB/T 8321.1~8321.8 农药合理使用准则

GB 16715.2-1999 瓜菜作物种子 白菜类

GB 18406.1-2001 农产品安全质量 无公害蔬菜安全要求

GB/T 18407.1 农产品安全质量 无公害蔬菜产地环境要求

NY/T 496 肥料合理使用准则 通则

中华人民共和国农业部公告 第199号

(三)产地环境要求

符合 GB/T 18407.1 的要求。

(四)生产管理措施

1.前茬

避免与十字花科作物连作。

2. 土壤条件

选择地势平坦、排灌方便、土层 30 厘米以上的沙壤土、壤土及轻黏土为宜。

3. 品种选择

选用抗病、优质丰产、抗逆性强、适应性广、耐贮藏、商品性好、适应市场需求、性状稳定的品种;春大白菜生产的品种还要具备抗寒性强、抗抽薹、长势强、早熟、抗病毒病能力强的特性;夏季大白菜生产品种还要具备耐热耐涝性好,高温结球性好、抗抽薹、早熟、抗软腐病、霜霉病能力强的特性。

4. 种子质量

种子质量应符合 GB 16715.2 - 1999 中白菜类种子二级以上指标。

5. 基肥施用及整地

基肥每亩施腐熟农家肥 4 000 ~ 5 000 千克,磷酸二铵 20 ~ 30 千克,硫酸钾 10 ~ 15 千克。其中总肥量的 2/3 撒施土壤表面后深翻 20 厘米,1/3 在种植带内集中沟施。整地起垄,垄高 15 ~ 20 厘米;做到垄背土平整、细碎,以利播种。所选用的肥料要符合 NY/T 496 要求。

6. 起垄或作畦

(1)秋冬大白菜。合抱型、叠抱型中晚熟品种垄距 65 ~ 70 厘米,直筒型品种 45 ~ 55 厘米,垄高 15 厘米;早熟品种垄距 50 ~ 60 厘米,垄高 15 厘米。

(2)春、夏大白菜。垄距 45 ~ 55 厘米,垄高 15 厘米。保护地或春大白菜田要加覆地膜。

7. 播种

(1)秋冬大白菜。极早熟型;7 月上中旬、早熟型:7 月下旬至8月上旬;中晚熟型:8月中下旬播种,采用穴播或条播,播后盖细土0.5~1厘米,耧平压实。

(2)春大白菜。一般大棚套小拱棚加地膜覆盖生产的可在1月底到2月上旬直播或用温室育苗,4月中下旬即可采收上市;采用小拱棚加地膜覆盖移栽的,2月上旬阳畦育苗,3月底~4月初移栽;大棚套小拱棚育苗、露地地膜覆盖生产的,可在2月中下旬播种,4月上中旬移栽,5月中旬上市,如露地地膜覆盖直播的,可在3月中下旬到4月上旬播种,5月底6月上旬上市。

(3)夏大白菜。一般与5月下旬至7月上旬播种,可采用穴播或育苗移栽。

8. 田间管理

(1)间苗、定苗或定植

从种子发芽至定苗,一般苗龄约15~20天,期间应进行多次间苗。第一次间苗可在出苗后5~7天时,留强去弱,留苗间距2.0~3.0厘米;再间隔5~7天,大白菜幼苗已有4片苗叶后,及时进行第二次间苗,条播时留苗距8.0厘米,穴播者每穴留苗3株,尽量拉大其苗距;再过5~7天,进行第三次间苗,该次间苗根据大田幼苗的整体生长状况予以留苗,去弱留强,把长势一致、长相相仿的幼苗留下,按品种定植的株距,在其中间部位只留一苗,使大田中的幼苗均匀分布,株数为需定植株数的2倍;8~10叶时定苗,隔一棵去一棵即可。育苗移栽的要在幼苗5~7叶时定植。一般每亩最后定苗株数为:秋冬大白菜,直筒型品种3 200~3 800株、合抱型、叠抱型晚熟品种1 800~2 200株,合抱型、叠抱型中熟品种2 000~2 800株,极早熟、早熟品种3 500~4 500株,春、夏生产品种2 800~3 500株。

(2)春季育苗和春保护地生产温度管理

早春播种要进行保温育苗,防止先期抽薹,保证最低气温在15℃以上,白天高于20℃时,要及时通风降温,移栽前根据苗情适时通风炼苗。春保护地生产的,生长前期以保温为主,生长后期根据温度回升情况,及时揭膜通风,白天保持 20 ~ 25℃,夜温 15℃左右,最低气温升至 15℃ 以上时除去覆盖物,进行露地栽培。

(3)中耕除草

一般结合三次间苗,进行 3 次中耕除草。第一次中耕主要是除草,只用锄头在幼苗周围轻轻刮破土皮即可,不可用力深锄;第二次中耕在距幼苗 10 厘米范围内仍然轻刮地面,远处可以略深,其深度以 2 ~ 5 厘米为宜;第三次中耕是在追一次肥和浇一次定苗水后,这次中耕要深浅结合,将有苗垄背进行浅锄,将行间的垄沟部分深锄 7 ~ 10 厘米,要结合中耕进行培垄。

(4)肥水管理。

①追肥:大白菜生长中需氮量最大,钾次之,需磷最少,对三大元素的吸收比例约为 4:1:3。莲座期以前以氮为主,钾素次之,至结球期则以钾素为主,氮素为辅。在定苗后进行第一次追肥,每亩追有机无机混合肥料,配比为腐熟的豆饼粉 100 千克、三元素复合肥 30 千克,混匀后进行沟施;在莲座期进行第二次追肥,每亩沟施 10 千克或随水冲施 13 千克尿素;第三次追肥应在封垄后结球前进行,每亩随水冲入 15 ~ 20 千克尿素和 10 ~ 15 千克硫酸钾。

②灌水:应掌握"三水齐苗,五水定棵"的原则。播种后及时浇水,保证齐苗壮苗,每次间苗后,及时浇水;定苗、定植或补栽后浇水;莲座初期浇一次透水,秋冬大白菜生产莲座期中期应适当控水蹲苗 7 ~ 10 天,保护地、春、夏大白菜生产不宜蹲苗,要一促到底。结球初、中期大白菜生长,一般隔 5 ~ 7 天浇 1 水,保持土壤湿润。结球后期适当控水。

9. 病虫害防治

(1)主要病虫害

大白菜生产的病虫害有霜霉病、软腐病、炭疽病、黑斑病、病毒病、蚜虫、菜青虫、小菜蛾、甜菜夜蛾等。

（2）防治原则和要求

预防为主、综合防治。优先采用农业防治、物理防治、生物防治，科学合理的结合化学防治，将大白菜有害生物的为害控制在允许的经济阈值以下，达到生产安全、优质的目的。农药施用要采用合理混用、轮换、交替用药。严格执行 GB 4285、GB/T 8321.1～8321.8 及中华人民共和国农业部第 199 号公告的规定。

（3）农业防治

①因地制宜选用抗（耐）病优良品种。

②合理布局，实行与非十字花科作物轮作倒茬。

③清洁田园，加强中耕除草；应尽量减少机械损伤。

（4）物理防治

①糖酒液诱杀：按糖、醋、酒、水和 90% 美曲膦酯晶体 3∶3∶1∶10∶0.6 比例配成药液，放置在田间诱杀成虫。

②运用诱虫板、杀虫灯诱杀害虫、覆盖银灰色地膜驱避蚜虫。

③保护地生产利用防虫网、遮阳网防虫防病。

（5）生物防治

采用微生物制剂如苏云金杆菌、棉铃虫核型多角体病毒水分散粒剂、斜纹夜蛾核型多角体病毒 2 水分散粒剂、甜菜夜蛾核型多角体病毒水分散粒剂、小菜蛾病毒及白僵菌、苏云金杆菌制剂等进行生物防治。或采用微生物源农药如阿维菌素、农用链霉素及植物源农药如藜芦碱、苦参碱、印楝素等生物农药防治病虫害。

（6）药剂防治

病虫害防治使用药剂时严格按照 GB 4285、GB/T 8321.1～8321.8 规定执行。主要病虫害防治的选药用药技术参见附录 A。

（五）采收及后续管理

在叶球大小定型，紧实度达到八成时，即可根据市场需要及时收获,陆续采收上市。上市时应去其黄叶或有病虫斑的叶片。
产品质量必须符合 GB 18406.1－2001 要求。

附录 A
(资料性附录)

主要病虫害防治药剂推荐表

防治对象	农药名称	有效成分含量(%)	剂 型	每亩制剂量(克)	使用方法
霜霉病	烯酰·锰锌	69	可湿性粉剂	100～140	喷雾
	三乙膦酸铝	90	可湿性粉剂	500～1 000	喷雾
	百菌清	75	可湿性粉剂		喷雾
	霜脲·锰锌	72	可湿性粉剂	110～150	喷雾
	甲霜灵	25	可湿性粉剂	120～170	喷雾
	霜霉威盐酸盐	722 克/升	水剂	350～440	喷雾
	百菌清	45	烟剂	60～100	喷雾
软腐病	硫酸链霉素	72	可溶性粉剂	15～30	喷雾
	链·土	90	可溶性粉剂	10～15	喷雾
	中生菌素	3	可溶性粉剂	75～100	浸种＋灌根
炭疽病黑斑病	代森锰锌	70	可湿性粉剂	150～250	喷雾
	咪鲜胺	25	乳油	30～50	喷雾
	嘧菌酯	25	悬浮剂	10～20	喷雾
	多氧霉素	10	可湿性粉剂	100～140	喷雾
	阿司米星	1	水剂	400～600	喷雾
病毒病	吗啉胍·乙酮	20	可湿性粉剂	170～250	喷雾
	烷醇·硫酸铜	1.5	乳油	50～75	喷雾
	宁南霉素	2	水剂	75～100	喷雾
蚜虫	吡虫啉	10	可湿性粉剂	10～15	喷雾
	啶虫脒	3	乳油	40～50	喷雾
	高氯·啶虫脒	5	乳油	30～40	喷雾
	除虫菊素	5	乳油	30～50	喷雾

（续表）

防治对象	农药名称	有效成分含量(%)	剂 型	每亩制剂量（克）	使用方法
菜青虫 小菜蛾 甜菜夜蛾	斜纹夜蛾核型多角体病毒	200亿PIB/克	水分散粒剂	4～6	喷雾
	苏云金杆菌	8 000IU/毫克	可湿性粉剂	50～100	喷雾
	氟啶脲	50克/升	乳油	40～80	喷雾
	辛硫磷	40	乳油	50～70	喷雾
	阿维菌素	18克/升	乳油	35～50	喷雾
	联苯菊酯	100克/升	乳油	20～35	喷雾
	氯氟氰菊酯	25克/升	乳油	15～20	喷雾
	多杀霉素	25克/升	悬浮剂	35～20	喷雾
	氟虫腈	50克/升	悬浮剂	15～30	喷雾
	氯氰·毒死蜱	552.5克/升	乳油	30～60	喷雾
	虫酰肼	200克/升	悬浮剂	65～100	喷雾

注:以上农药使用药剂及剂量仅举例说明,相同有效成分的其他剂型及新上市的农药产品,需经无公害蔬菜生产管理部门同意,方可在无公害蔬菜生产基地使用,并要严格按照农药安全使用准则及使用说明执行上述药剂应交替使用

第五节　白萝卜生产技术规程

（一）范围

本标准规定了白萝卜生产的产地环境要求和生产管理措施。

本标准适用于河南省境内的白萝卜生产。

（二）规范性引用文件

下列文件中的条款通过本标准的引用而成为本标准的条

款。凡是注日期的引用文件,其随后所有的修改单(不包括勘误的内容)或修订版均不适用于本标准,然而,鼓励根据本标准达成协议的各方研究是否可使用这些文件的最新版本。凡是不注日期的引用文件,其最新版本适用于本部分。

GB 4285　农药安全使用标准

GB/T 8321.1~8321.8　农药合理使用准则

GB 18406.1–2001　农产品安全质量　无公害蔬菜安全要求

GB/T 18407.1　农产品安全质量　无公害蔬菜产地环境要求

NY/T 496　肥料合理使用准则　通则

中华人民共和国农业部公告　第 199 号

(三)产地环境

符合 GB/T 18407.1 的规定。

(四)生产管理措施

1. 前茬

避免与十字花科蔬菜连作。

2. 土壤条件

宜选择地势平坦、排灌方便、土质疏松的沙壤土、壤土、轻质黏土地块。

3. 种子选择

品种宜选用抗病性强、优质丰产、抗逆性强、适应性广、商品性好、性状稳定的品种;春白萝卜或保护地产品种还应具备生长期短、耐寒性强、抽薹迟等特性的专用品种;夏白萝卜品种还应具备耐热性好、抗抽薹、抗病毒病的夏播专用品种。

4. 种子质量

种子纯度≥90%,净度≥97%,发芽率≥96%,水分≤8%。

32

5. 整地、施基肥、起垄

在前茬收获后及时早耕灭茬,播种前 7～10 天进行整地。土层耕翻深度应根据栽培品种而定,大型品种为 35 厘米左右,中型品种 25 厘米左右,小型品种 20 厘米左右。基肥每亩施腐熟农家肥(符合 NY/T 496 要求)4 000～5 000 千克,磷酸二铵 15 千克,硫酸钾 10 千克。大型品种起垄栽培,垄高 15～20 厘米,垄间距 50～60 厘米;中型品种,垄高 10～15 厘米,垄间距 35～40 厘米;小型品种采用平畦栽培。

6. 播种

(1)播种量及种子处理。大型品种每亩种量为 0.5 千克;中型品种每亩种量为 0.75～1.0 千克;小型品种每亩量为 1.5～2.0 千克。用种子重量 0.4% 的 50% 百菌清可湿性粉剂或种子重量 0.3% 的 47% 春王铜可湿性粉剂或 0.3% 的 50% 异菌脲粉剂拌种。

(2)播种方式。播种时种子要均匀散开,播种后覆土 1.5 厘米,然后稍加镇压。大型品种采用穴播;中型品种采用条播方式;小个型品种撒播或条播方式。春季或保护地生产,播种时宜采用地膜覆盖,幼苗出土后及时破膜。

(3)种植密度。大型品种株距 20～30 厘米;中型品种株距 15～20 厘米;小型品种行株距保持 8～10 厘米。

7. 田间管理

(1)间苗定苗

早间苗、晚定苗,白萝卜不宜移栽。第一次间苗在子叶充分展开时进行,当白萝卜 2～3 片真叶时,进行第二次间苗;当幼苗生长到 5～6 片真叶时,按规定的株距进行定苗。

(2)中耕除草与培土

结合间苗进行中耕除草。第一、二次间苗要浅耕,锄松表土,以除草为主;定苗后结合浇水,深耕一次,进行蹲苗;封垄前进行最后一次中耕除草。

（3）水肥管理

①发芽期:播后要充分灌水,土壤相对含水量宜在80%以上,干旱年份,夏秋白萝卜宜浇播后水,拱土水,齐苗水,以防止高温发生病毒病。春白萝卜和保护地白萝卜足墒播种,播后不旱不浇,避免降低地温。

②幼苗期:土壤相对含水量宜在60%以上。夏秋季生产宜小浇勤浇;春季或保护地生产,在垄沟土壤发白时适当浇水。定苗时浇一次透水,结合浇水,每亩追施尿素8~10千克。

③叶生长盛期:要适时控制水分,进行蹲苗,根据气候、土质情况,控制蹲苗时间7~15天。蹲苗结束,结合浇水,每亩可追肥一次,追施尿素5千克加氮磷钾复合肥15千克;春白萝卜和保护地栽培宜将肥料对成浓度为0.5%的液肥,在距白萝卜根部10厘米以上处灌根穴施。

④肉质根膨大盛期:土壤相对含水量宜在80%以上,保持地面湿润,防止忽干忽湿。春白萝卜和保护地生产,宜采用滴灌。在肉质根膨大初期和肉质根膨大中期进行两次追肥,每亩分别追施尿素10千克加硫酸钾10千克。

⑤收获前:秋冬白萝卜在收获前20天,停止浇水,不再施用速效氮肥;春、夏白萝卜生产,在收获前7~10天,停止浇水,不再施用速效氮肥。

（4）春白萝卜和保护地白萝卜生产温度管理

生长前期的管理应以保温为主,适当提高棚内温度,促进莲座叶生长,遇强冷空气需加盖防寒物,最低低温度保持在10℃以上。生长后期气温回升时应及时通风降温,白天将棚内的温度控制在20~25℃,夜间将棚内的最低温度控制在15℃以上。4月中旬后可撤除棚膜,进行露地栽培。

8.病虫害防治

（1）主要病虫害

白萝卜生产的病虫害有霜霉病、黑腐病、软腐病、病毒病、蚜虫、菜青虫、小菜蛾等。

（2）防治原则和要求

预防为主、综合防治。优先采用农业防治、物理防治、生物防治，科学合理的结合化学防治，将白萝卜有害生物的为害控制在允许的经济阈值以下，达到生产安全、优质的目的。农药施用要采用合理混用、轮换、交替用药。严格执行 GB 4285、GB/T 8321.1～8321.8 及中华人民共和国农业部第 199 号公告的规定。

（3）农业防治

①针对主要病虫控制对象，选择抗（耐）病性好的优良品种。

②实行与非十字花科作物轮作倒茬。

③清洁田园，加强中耕除草；应尽量减少机械损伤。

（4）物理防治

①糖酒液诱杀：按糖、醋、酒、水和 90% 美曲膦酯晶体 3∶3∶1∶10∶0.6 比例配成药液，放置在田间诱杀成虫。

②运用诱虫板、杀虫灯诱杀害虫、覆盖银灰色地膜驱避蚜虫。

③保护地生产利用防虫网、遮阳网防虫防病。

（5）生物防治

采用微生物制剂如苏云金杆菌、棉铃虫核型多角体病毒水分散粒剂、斜纹夜蛾核型多角体病毒水分散粒剂、甜菜夜蛾核型多角体病毒水分散粒剂、小菜蛾病毒及白僵菌、苏云金杆菌制剂等进行生物防治。或采用微生物源农药如阿维菌素、农用链霉素及植物源农药如藜芦碱、苦参碱、印楝素等生物农药防治病虫害。

（6）化学防治

病虫害防治使用药剂时严格按照 GB 4285、GB/T 8321.1～8321.8 规定执行。主要病虫害防治的选药用药技术参见附录 A。

(五) 采收及后续管理

根据市场需要和生育期及时收获。产品质量必须符合 GB 18406.1–2001 要求。

附录 A

(资料性附录)

主要病虫害防治药剂推荐表

防治对象	农药名称	有效成分含量(%)	剂型	每亩制剂量(克)	使用方法
霜霉病	烯酰·锰锌	69	可湿性粉剂	100~140	喷雾
	三乙膦酸铝	90	可溶性粉剂	500~1 000	喷雾
	百菌清	75	可湿性粉剂	倍液	喷雾
	霜脲·锰锌	72	可湿性粉剂	110~150	喷雾
	甲霜灵	25	可湿性粉剂	120~170	喷雾
	霜霉威盐酸盐	722 克/升	水剂	350~440	喷雾
	百菌清	45	烟剂	60~100	熏雾
软腐病	硫酸链霉素	72	可溶性粉剂	15~30	喷雾
	链·土	90	可溶性粉剂	10~15	喷雾
	中生菌素	3	可湿性粉剂	75~100	浸种 + 灌根
黑腐病	链·土	90	可溶性粉剂	10~15	喷雾
	氢氧化铜	77	可湿性粉剂	135~200	喷雾
病毒病	吗啉胍·乙酮	20	可湿性粉剂	170~250	喷雾
	烷醇·硫酸铜	1.5	乳油	50~75	喷雾
	宁南霉素	2	水剂	75~100	喷雾
蚜虫	吡虫啉	10	可湿性粉剂	10~15	喷雾
	啶虫脒	3	乳油	40~50	喷雾
	高氯·啶虫脒	5	乳油	30~40	喷雾
	除虫菊素	5	乳油	30~50	喷雾

（续表）

防治对象	农药名称	有效成分含量(%)	剂　型	每亩制剂量(克)	使用方法
菜青虫小菜蛾	斜纹夜蛾核型多角体病毒	200亿PIB/克	水分散粒剂	4~6	喷雾
	苏云金杆菌	8 000IU/毫克	可湿性粉剂	50~100	喷雾
	氟啶脲	50克/升	乳油	40~80	喷雾
		40	乳油	50~70	喷雾
	辛硫磷	18克/升	乳油	35~50	喷雾
	阿维菌素	10克/升	乳油	20~35	喷雾
	联苯菊酯	25克/升	乳油	15~20	喷雾
	氯氟氰菊酯	25克/升	悬浮剂	35~20	喷雾
	多杀霉素	50克/升	悬浮剂	15~30	喷雾
	氟虫腈	552.5克/升	乳油	30~60	喷雾
	氯氰·毒死蜱	200克/升	悬浮剂	65~100	喷雾
	虫酰肼				

注：以上农药使用药剂及剂量仅举例说明，相同有效成分的其他剂型及新上市的农药产品，需经无公害蔬菜生产管理部门同意，方可在无公害蔬菜生产基地使用，并要严格按照农药安全使用准则及使用说明执行上述药剂应交替使用

第六节　结球甘蓝生产技术规程

(一)范围

本标准规定了结球甘蓝生产的产地环境要求和生产管理措施。

本标准适用于河南省境内结球甘蓝生产。

(二)规范性引用文件

下列文件中的条款通过本标准的引用而成为本标准的条款。凡是注日期的引用文件，其随后所有的修改单(不包括勘误的内容)或修订版均不适用于本标准，然而，鼓励根据本标准

达成协议的各方研究是否可使用这些文件的最新版本。凡是不注日期的引用文件,其最新版本适用于本部分。

GB 4285　农药安全使用标准

GB/T 8321.1～8321.8　农药合理使用准则

GB 16715.4－1999　瓜菜作物种子　甘蓝类

GB　18406.1－2001　农产品安全质量　无公害蔬菜安全要求

GB/T 18407.1　农产品安全质量　无公害蔬菜产地环境要求

NY/T 496　肥料合理使用准则　通则

中华人民共和国农业部公告　第199号

(三)术语与定义

下列术语和定义适用于本标准。

1.未熟抽薹

甘蓝在未结球之前,经过一定的低温条件,或在幼苗期就满足了它们的春化条件,栽植后不形成叶球,而直接抽薹开花的现象。

2.莲座期

从"团棵"到长出第二叶序环或第三叶序环,完成了莲座叶的生长期,早熟品种需再生长5～10片叶子,中晚熟品种需再生长8～16片叶子。

3.安全间隔期

最后一次施药至采收时允许的间隔天数。

4.保护设施

在不适宜植物生长发育的寒冷、高温、多雨季节,人为创造适宜植物生长发育的微环境所采用的设施。

5.日光温室

由采光和保温维护结构组成,以塑料薄膜为透明覆盖材料,东西向延长,在寒冷季节主要依靠获取和蓄积太阳辐射能进行蔬菜生产的保护设施。

6.塑料拱棚

采用塑料薄膜覆盖的不同跨度的拱圆形棚,其骨架常用水泥预制、竹、木、钢材或复合材料建造而成。

7.改良阳畦

由保温和采光维护结构组成,东西向延长的小型简易保护设施。

(四)产地环境要求

符合 GB/T 18407.1 的要求。

(五)生产管理措施

1.栽培季节划分

(1)春甘蓝。冬、春季育苗,冬、春季定植,春、夏季收获。

(2)夏甘蓝。春季育苗,春末夏初定植,夏、秋季收获。

(3)秋甘蓝。夏季育苗,夏、秋定植,秋末冬初收获。

(4)冬甘蓝。夏末、秋初育苗,秋季定植,冬、春季收获。

2.育苗

(1)育苗设施的要求

①改良阳畦:跨度约 2.0 ~ 3.0 米,北面墙体高度约 1.0 ~ 1.5 米,墙体用土或其他保温材料叠砌而成,东西两面墙体为北高南低,采光面呈坡状,上铺设塑料薄膜或其他保温材料。

②塑料拱棚:

塑料小拱棚:矢高 1.0 ~ 1.3 米,跨度 1.0 ~ 3.0 米,长度不限;

塑料中拱棚:矢高 1.5 ~ 2.0 米,跨度 4.0 ~ 6.0 米,长度不限;

塑料大拱棚:矢高 2.5 ~ 3.0 米,跨度 6.0 ~ 12.0 米,长度30.0 ~ 60.0 米。

③日光温室:矢高 3.0 ~ 4.5 米,跨度 7.0 ~ 12.0 米,长度

50.0～100.0 米。

（2）育苗方式

根据栽培季节和方式不同要采用不同的保护设施育苗。冬春季育苗，根据气候情况，选用改良阳畦、塑料拱棚、温室保护设施或露地育苗。夏秋育苗要有防雨、防虫、遮阳等保护设施。

（3）品种选择

早春设施、春露地甘蓝生产选用抗逆性强、冬性强，不容易发生未熟抽薹、商品性好的早熟品种；夏甘蓝生产选用抗病性强、耐热、耐涝、适应性强、结球坚实整齐的中、晚熟品种；秋甘蓝生产选用优质、高产、耐贮藏的中、晚熟品种。冬甘蓝生产选用品质好、耐寒性强、产量高的晚熟品种。

（4）种子质量。符合 GB 16715.4－1999 中的二级以上指标。

（5）种子用量及种子处理

①用种量：每亩用种 50～100 克。

②干燥处理：播前进行晾晒，禁忌暴晒。

③种子消毒：

用 10% 盐水清洗，除混在种子中的菌核。

用百菌清 75% 可湿性粉剂按种子重量的 0.4% 拌种或用甲霜灵 25% 可湿性粉剂按种子重量的 0.3% 拌种，防黑腐病、黑斑病。

经过包衣的或丸粒化的种子不再进行处理，直接使用。

（6）育苗床准备

①床土配制：选用近三年来未种过十字花科蔬菜的 60% 肥沃田园土与 40% 腐熟厩（圈）肥充分混合，在混合时每立方米营养土加入 N：P_2O：K_2O 为 15：15：15 的三元复合肥或相应养分的单质肥料混合均匀待用 1 千克拌匀。过筛后铺于苗床，床土厚度 10 厘米。

②床土消毒：用 50% 多菌灵可湿性粉剂与 50% 福美双可湿

性粉剂按1∶1比例湿合,或25%甲霜灵可湿性粉剂与70%代森锰锌可湿性粉剂按9∶1比例混合,按每平方米用药8～10克与4～5千克过筛细土混合,播种时2/3铺于床面,1/3覆盖在种子上。出苗后可再覆层药土。

(7)播种

①播种期:

春甘蓝生产早春日光温室生产于10月上中旬到11月中下旬阳畦育苗;塑料大拱棚生产于12月下旬至1月上中旬在温室内育苗;塑料中小拱棚生产于1月上中旬温室育苗;地膜覆盖或露地生产于1月下旬到2月上中旬阳畦育苗;露地越冬生产于9月下旬到10月上中旬露地育苗。

夏甘蓝生产于3月中下旬到4月上中旬小拱棚或露地育苗。

秋甘蓝生产晚熟品种于5月下旬至6月下旬;中熟品种于6月中旬到7月上旬;早熟品种于7月上中旬。

冬甘蓝生产于7月中下旬到8月上旬露地育苗。

②播种方法:浇足底水,水渗后覆一层细土(或药土),将种子均匀撒播于床面或划8厘米×8厘米方格后穴播,覆土0.6～0.8厘米。

(8)苗期管理

①温度:苗期温度管理见表1。

表1 冬春季育苗苗期温度管理　　　　　单位:℃

时　　期	白天适宜温度	夜间适宜温度
播种至齐苗	20～25	16～15
齐苗至分苗	18～23	15～13
分苗至缓苗	20～25	16～14
缓苗至定植前10天	18～23	15～12
定植前10天至定植	15～20	10～8

②分苗:当幼苗 2~3 片真叶时,按 10 厘米×10 厘米行株距,在分苗床上开沟,座水栽苗或直接分苗于育苗容器内。

③分苗后管理:缓苗后划锄 2~3 次,床土不旱不浇水,浇水宜浇小水或喷水。定植前 7 天浇透水,1~2 天后起苗囤苗,并进行低温炼苗。露地夏、秋育苗,分苗后要用遮阳网防暴雨,扣 20~30 目尼龙网纱防虫网防虫,同时既要防止床土过干,又要在雨后及时排除苗床积水。

④壮苗标准:植株健壮,5~7 片叶,株高 12 厘米以下,茎粗 0.5 厘米以下,叶片肥厚,蜡粉多,根系发达,无病虫害。

3.定植前准备

(1)前茬。避免与非十字花科蔬菜连作。

(2)整地。露地栽培采用平畦或起垄生产,保护设施生产,采用半高畦生产。

(3)基肥。以优质农家肥、常用化肥、复混肥等为主。在中等肥力条件下,结合整地每亩施优质有机肥(以优质腐熟猪厩肥为例)4 000~5 000 千克,配合施用氮、磷肥、钾复合肥 25~30 千克。肥料使用要符合 NY/T 496 规定。

(4)保护设施消毒。45%百菌清烟剂,每亩用 180 克,密闭烟熏消毒。

4.定植

(1)定植期

①春甘蓝生产:日光温室生产于 11 月中旬到 1 月上旬;塑料大拱棚生产于 1 月下旬到 2 月中旬;塑料中小拱棚生产于 2 月上中旬至 3 月中上旬;地膜覆盖或露地生产于 3 月中旬到 4 月上中旬;露地越冬生产于 11 月中下旬至 12 月上旬。

②夏甘蓝生产:于 5 月中旬至 6 月上中旬。

③秋甘蓝生产:晚熟品种于 7 月中下旬;中熟品种于 7 月下旬至 8 月上旬;早熟品种于 8 月上中旬。

④冬甘蓝生产:于8月上中旬到9月上旬。

（2）定植方法

采用大小行定植,按行株距要求开沟,坐水栽苗,或培土后立即浇水。地膜覆盖的挖穴坐水栽苗。结合浇坐苗水,用0.1%磷酸二氢钾溶液灌根。定植完后及时浇好定植水。

（3）定植密度

根据品种特性、气候条件和土壤肥力,每亩定植,早熟种4 000~5 000株,行株距(40~45)厘米×(33~38)厘米;中熟种2 200~3 000株,行株距(50~60)厘米×(40~50)厘米;晚熟种1 800~2 200株,行株距(60~70)厘米×(50~60)厘米。

5.田间管理

（1）缓苗期

①春甘蓝生产:定植后4~5天浇缓苗水,随后结合中耕培土1~2次。春季保护生产要注意增温保温,适宜的温度白天20~22℃,夜间10~12℃。

②夏、秋、冬甘蓝生产:定植后要连续浇水三次,中耕一次,中耕以划破地皮为宜。缓苗后随水每亩追一次尿素8~12千克。

（2）莲座期:进入团棵后,浇一次透水,随水每亩追一次尿素15~20千克。莲座初期开始控水蹲苗,早熟种6~8天,中晚熟种10~15天。蹲苗结束后要结合浇水,每亩追施尿素10~15千克或磷酸二铵15~20千克,同时应用0.2%的硼砂溶液叶面喷施1~2次。夏、秋季生产,要5~7天浇1次水,保持土壤湿润。春季保护设施生产,温度控制在白天15~20℃,夜间8~10℃。

（3）结球期:要保持土壤湿润。结合浇水在结球中期追施尿素10~15千克和硫酸钾4~6千克混合肥1（早熟品种）~2次（中、晚熟品种）。同时,用0.2%的磷酸二氢钾加0.3%尿素溶液叶面喷施2~4次。结球后期控制浇水次数和水量,以免裂球。春季保护设施生产,浇水后要放风排湿,室度不宜超过

25℃，当外界气温稳定在 15℃时可撤膜。

6. 病虫害防治

（1）主要病虫害。

结球甘蓝生产的病虫害有霜霉病、黑斑病、黑腐病、菌核病、软腐病、蚜虫、棉铃虫、菜青虫、小菜蛾、甜菜夜蛾等。

（2）防治原则和要求。

预防为主、综合防治。优先采用农业防治、物理防治、生物防治，科学合理的结合化学防治，将结球甘蓝有害生物的为害控制在允许的经济阈值以下，达到生产安全、优质的目的。农药施用要采用合理混用、轮换、交替用药。严格执行 GB 4285、GB/T 8321.1~8321.8 及中华人民共和国农业部第 199 号公告的规定。

（3）农业防治

①针对主要病虫控制对象，选择高抗多抗的品种。

②创造适宜的生育环境条件，提高抗逆性；清洁田园，做到有利于植株生长发育，避免侵染性病害发生。

③实行严格轮作制度，避免与十字花科作物连作。

（4）物理防治

①糖酒液诱杀：按糖、醋、酒、水和 90% 敌百虫晶体 3:3:1:10:0.6 比例配成药液，放置在田间诱杀成虫，并可根据诱杀量及雌、雄虫的比例预测成虫发生期。

②运用诱虫板、杀虫灯诱杀害虫、覆盖银灰色地膜驱避蚜虫。

③保护地生产利用防虫网、遮阳网防虫防病。

（5）生物防治

采用微生物制剂如苏云金杆菌、棉铃虫核型多角体病毒水分散粒剂、斜纹夜蛾核型多角体病毒水分散粒剂、甜菜夜蛾核型多角体病毒水分散粒剂、小菜蛾病毒及白僵菌、苏云金杆菌制剂等进行生物防治。或采用微生物源农药如阿维菌素、农用链霉素及植物源农药如藜芦碱、苦参碱、印楝素等生物农药防治病虫害。

（6）化学防治

病虫害防治使用药剂时严格按照 GB 4285、GB/T 8321.1 ~ 8321.8 规定执行。主要病虫害防治的选药用药技术参见附录 A。

（六）采收及后续管理

根据甘蓝的生长情况和市场的需求,在叶球大小定型,紧实度达到八成时即可采收。上市前宜喷洒 500 倍液的高脂膜,防止叶片失水萎蔫,影响经济价值。同时,应去其黄叶或有病虫斑的叶片。产品质量必须符合 GB 18406.1 - 2001 要求。

附录 A

（资料性附录）

主要病虫害防治药剂推荐表

防治对象	农药名称	有效成分含量(%)	剂　型	每亩制剂量(克)	使用方法
霜霉病	烯酰·锰锌	69	可湿性粉剂	100 ~ 140	喷雾
	三乙膦酸铝	90	可溶性粉剂	500 ~ 1 000	喷雾
	百菌清	75	可湿性粉剂	倍液	喷雾
	霜脲·锰锌	72	可湿性粉剂	110 ~ 150	喷雾
	甲霜灵	25	可湿性粉剂	120 ~ 170	喷雾
	霜霉威盐酸盐	722 克/升	水剂	350 ~ 440	喷雾
	百菌清	45	烟剂	60 ~ 100	熏雾
黑斑病	代森锰锌	70	可湿性粉剂	150 ~ 250	喷雾
	咪鲜胺	25	乳油	30 ~ 50	喷雾
	嘧菌酯	25	悬浮剂	10 ~ 20	喷雾
	多氧霉素	10	可湿性粉剂	100 ~ 140	喷雾
	阿司米星	1	水剂	400 ~ 600	喷雾
菌核病	乙烯菌核利	50	可湿性粉剂	75 ~ 100	喷雾
	异菌脲	50	可湿性粉剂	50 ~ 100	喷雾
	腐霉利	50	可湿性粉剂	40 ~ 70	喷雾

（续表）

防治对象	农药名称	有效成分含量(%)	剂 型	每亩制剂量(克)	使用方法
软腐病黑腐病	硫酸链霉素	72	可溶性粉剂	15~30	喷雾
	链·土	90	可溶性粉剂	10~15	喷雾
	中生菌素	3	可湿性粉剂	75~100	浸种+灌根
	络氨铜锌	14	水剂	80~120	喷雾
	氢氧化铜	77	可湿性粉剂	50~70	喷雾
蚜虫	吡虫啉	10	可湿性粉剂	10~15	喷雾
	啶虫脒	3	乳油	40~50	喷雾
	高氯·啶虫脒	5	乳油	30~40	喷雾
	除虫菊素	5	乳油	30~50	喷雾
棉铃虫菜青虫小菜蛾甜菜夜蛾	棉铃虫核型多角体病毒	600亿PIB/克	水分散粒剂	2~3	喷雾
	斜纹夜蛾核型多角体病毒	200亿PIB/克	水分散粒剂	4~6	喷雾
	甜菜夜蛾核型多角体病毒	300亿PIB/克	水分散粒剂	4~6	喷雾
	苏云金杆菌	8 000IU/毫克	可湿性粉剂	50~100	喷雾
		50克/升	乳油	40~80	喷雾
	氟啶脲	40	乳油	50~70	喷雾
	辛硫磷	18克/升	乳油	35~50	喷雾
	阿维菌素	100克/升	乳油	20~35	喷雾
	联苯菊酯	25克/升	乳油	15~20	喷雾
	氯氟氰菊酯	25克/升	悬浮剂	35~20	喷雾
	多杀霉素	50克/升	悬浮剂	15~30	喷雾
	氟虫腈	552.5克/升	乳油	30~60	喷雾
	氯氰·毒死蜱	200克/升	悬浮剂	65~100	喷雾
	虫酰肼				

注:以上农药使用药剂及剂量仅举例说明,相同有效成分的其他剂型及新上市的农药产品,需经无公害蔬菜生产管理部门同意,方可在无公害蔬菜生产基地使用,要严格按照农药安全使用准则及使用说明执行上述药剂应交替使用

第七节　甘蓝制种生产技术规程

(一)范围

本标准规定了甘蓝原种和杂交种子繁育的定义、环境条件、制种技术、病虫害防治及种子收获等内容。

本标准适用于河南省境内的甘蓝制种生产。

(二)规范性引用文件

下列文件中的条款通过本标准的引用而成为本标准的条款。凡是注日期的引用文件,其随后所有的修改单(不包括勘误的内容)或修订版均不适用于本标准,然而,鼓励根据本标准达成协议的各方研究是否可使用这些文件的最新版本。凡是不注日期的引用文件,其最新版本适用于本标准。

GB/T 3543.1　农作物种子检验规程　总则

GB/T 3543.2　农作物种子检验规程　扦样

GB/T 3543.3　农作物种子检验规程　净度分析

GB/T 3543.4　农作物种子检验规程　发芽试验

GB/T 3543.5　农作物种子检验规程　真实性和品种纯度鉴定

GB/T 3543.6　农作物种子检验规程　水分测定

GB/T 3543.7　农作物种子检验规程　其他项目检验

GB/T 7414　主要农作物种子包装

GB/T 7415　主要农作物种子贮藏

GB 16715.4 – 1999　瓜菜作物种子　甘蓝类

(三)术语和定义

以下术语和定义适用于本标准。

1.育种家种子

育种家育成的遗传性状稳定的品种或亲本种子的最初一批

47

种子,用于进一步繁殖原种种子。

2. 原种

用育种家种子繁殖的第一代至第三代,或按原种生产技术规程生产的达到原种质量标准的种子,用于进一步繁殖良种种子。

3. 自交不亲和系

雌雄性器官正常但同一系统内单株自交和株间花期交配不结实或结实很少,而蕾期交配结实正常的系统。

4. 雄性不育系

雌性器官发育正常,而雄性器官败育,用其保持系授粉繁殖后代的性状整齐一致的稳定品系。

5. 良种

用常规种原种繁殖的第一代至第三代和杂交种达到良种质量标准的种子,用于大田生产。

6. 亲和指数

是判断自交不亲和性强弱的指标,即系内花期自交结籽总数与其授粉花朵总数的比值。

7. 杂交一代

两个品种或品系经过杂交所生产的种子。

8. 亲本材料质量标准

亲本原种纯度不低于99.9%,净度不低于98.0%,发芽率不低于70%,水分不高于7.0%。亲本良种纯度不低于99.0%,净度不低于98.0%,发芽率不低于70%,水分不高于7.0%。

9. 早熟品种

从定植到收获不超过60天的品种。

10. 中熟品种

从定植到收获60~90天的品种。

11.晚熟品种

从定植到收获90天以上的品种。

12.绿体春化

指植株需要长到一定大小(早熟品种在茎粗0.6厘米、真叶7片以上,中、晚熟品种在茎粗1厘米、真叶10片以上)才能接受低温影响而完成春化阶段的发育。

(四)环境条件

1.气象条件

(1)温度。适宜年≥0℃的积温4 000～5 100℃,无霜期在200～220天。不同生育期对温度的要求不同,外叶生长适温为20～25℃,叶球生长适温为20℃左右,花期生长发育适温为17～22℃。

(2)日照。平均年日照时数>2 000小时。

2.土壤条件

土壤肥沃,适宜甘蓝生长,具备良好的排灌条件。

3.空间隔离

制种田必须与甘蓝的不同品种及苤蓝、花椰菜等作物的制种田或甘蓝性油菜田隔离2 000米以上。也可用网纱等器械隔离。

(五)原种繁殖

生产上使用的品种一般是利用自交不亲和系和雄性不育系配制的一代杂交种。亲本原种生产采用育种家种子繁殖。无育种家种子时,可采用单株选择母系法提纯复壮生产原种。

1.用育种家种子繁殖原种

(1)采种方式

为便于种株选择保持种性,用成株或半成株采种。

（2）秋季培育种株

①适期育苗：根据不同亲本特性，在 7 月下旬至 9 月上旬，选择排灌方便、土质肥沃的地块育苗。在 2 ~ 3 片真叶时及时分苗。

②秋季种株定植及管理：当种株 7 ~ 8 片真叶时及时定植，密度一般每亩定植 5 500 株。水肥管理要适中，使种株发育良好，特征特性表现充分，便于种株选择。种株包球不宜太紧，如无特殊要求，在全省内均可露地越冬，第二年春季直接采种。

③种株严格去杂：根据不同亲本的特征特性，在苗期、莲座期、特别是包心期，严格去杂去劣。

（3）种株越冬贮藏

如种株需要越冬贮藏，再植采种的，一般在 11 月中旬至 12 月上中旬把种株连根收获贮藏起来。

①阳畦贮藏方式及管理：把种株带土坨假植也可定植于阳畦中，浇足水。以后主要是利用揭、盖保温材料进行温度管理。白天尽量见光，当夜间温度降至零下时开始盖保温材料，阳畦夜间温度保持 0 ~ 1℃左右。既要防冻，又要防止受热。

②入窖贮藏方式及管理：12 月中下旬将种株连根拔起，稍晾晒几天，使其适当失水，然后入窖。入窖后注意倒菜。窖内温度控制在 2℃左右，湿度保持 80% ~ 90% 为宜。

（4）春季定植

①选好地块注意隔离：选择排灌方便、土质肥沃的地块。必须做好空间隔离。

②适期定植：日光温室采种：一般早开花型亲本在 1 月中下旬定植，晚开花型亲本在 2 月上中旬定植。

阳畦或塑料大棚采种：最好在年前 11 月中旬到 12 月上中旬，从秋植大田中收获种株后直接定植。也可在 2 月中下旬定植。

露地采种:可在 3 月上中旬定植。

③定植方式和密度:为便于人工剥蕾授粉,一般采用宽行 100 厘米,窄行 33 厘米进行定植,株距为 33 厘米左右。

④授粉:把开花前 2~4 天的花蕾轻轻剥开,不能伤柱头,取同系当天或前一天开放的新鲜花粉,涂抹其柱头上。

⑤亲和指数测定:选 10 株左右,每株选取中上部一个一级分枝挂牌标记,开花当天取其系内当天开放的新鲜混合花粉授粉,每枝授粉 30 朵花左右,待种荚黄熟后统计结籽数,计算亲和指数。亲和指数要求小于 1。

⑥田间管理:定植初期主要是提高地温促使根系发育,水不宜大,土壤湿润即可。保护地采种,温度白天 15℃左右,夜间 7~8℃;开花结荚期要有充足的水、肥供应,注意增施磷、钾肥,温度白天 20℃左右,夜间 10℃左右;荚果成熟期,要逐渐减少浇水,以免贪青晚熟。要及时防治病虫害,要用支架防倒。

⑦适时采收:荚果黄熟时要及时采收。在脱粒、晾晒、加工、包装、贮运等过程中防止机械混杂。

(5)种子质量检验。种子质量按 GB/T 3543 进行检验。原种质量符合 GB 16715.4－1999《瓜菜作物种子》甘蓝类要求。

2. 单株选择母系法进行提纯复壮生产原种

当得不到符合标准的原种时,可采用单株选择母系法提纯复壮生产原种。

(1)选择单株。在原种田或纯度较高的种株培育田,于品种特征特性表现最充分时期,严格选择符合本品种特征特性的优良单株,一般不少于 100 株。

(2)种株越冬贮藏。同用育种家种子繁殖原种的种株越冬贮藏。

(3)春季定植采种。同用育种家种子繁殖原种的春季定植。但采收种子时每棵种株单收获、单脱粒、单保存。

（4）秋季比较鉴定。各单株种子分小区种植，每小区不少于 50 株，每 10 个小区设一个（原有的纯度较高的同一品种的亲本）对照区。播种育苗、定植、田间管理同秋季培育种株一节有关定植及管理。在生长过程中（苗期、莲座期、特别是结球后期）按照本品种特征特性严格鉴定纯度。把符合本亲本特征特性、纯度达到原种标准的小区（严格去杂去劣后）种株混合收获贮藏（参见种植越冬贮藏一节有关贮藏方式及管理），若达不到原种标准，再继续进行单株选择法采种。

（5）第二年春季定植。同用育种家种子繁殖原种的春季定植。

（6）原种繁殖。同用育种家种子繁殖原种。

（六）杂交制种技术

甘蓝为绿体春化型植物，当年秋季培育种株，形成一定大小的营养体，冬季通过低温春化，翌年春季经高温日照抽薹开花。

1. 亲本的选择

亲本材料由育种单位提供，亲本材料要符合 3.8 的质量要求。

2. 种株秋季的培育

（1）育苗

①育苗床准备：育苗正值高温多雨季节，要选择地势高燥、不易积水、排灌良好、通风透光、土质肥沃的地块做苗床。7 月中下旬整地，按宽 1.0~1.3 米、长 8~10 米做苗床畦，畦面四周筑小埂挡水。畦间挖宽 30~50 厘米、深 10~15 厘米的沟，并与田间排水沟相连。

床土配制应选用近三年来未种过十字花科蔬菜的 60% 肥沃田园土与 40% 腐熟厩（圈）肥充分混合，在混合时每立方米营养土加入 N：P_2O_5：K_2O 为 15：15：15 的三元复合肥或相应养分混合均匀的单质肥料 1 千克拌匀。过筛后装入育苗容器或铺于苗床畦中,床土厚度 10 厘米。

床土消毒可用 50% 多菌灵可湿性粉剂与 50% 福美双可湿性粉剂按 1∶1 比例湿合,或 25% 甲霜灵可湿性粉剂与 70% 代森锰锌可湿性粉剂按 9∶1 比例混合,按每平方米用药 8 ~ 10 克与4 ~ 5 千克过筛细土混合,播种时 2/3 铺于床面,1/3 覆盖在种子上。出苗后可再覆层药土。

②播种:播种时间因品种而异,中、晚熟品种亲本 7 月底至8 月初播种;早熟品种亲本于 8 月下旬至 9 月上旬播种。播种应在下午 16 时以后,播种前将畦面踩平。每亩制种田用种量40 ~ 50 克。

一次成苗播种要采用育苗容器或营养方播种,整好苗床后,浇足底墒水,水渗后覆一层细土(或药土),营养方育苗的,要将床面划成 8 厘米×8 厘米方格。播种方式要采用穴播,播种后,在种子上覆土 0.6 ~ 0.8 厘米。

二次分苗播种可在播种床采用撒播,整好苗床后,浇足底墒水,水渗后覆一层细土(或药土),将种子均匀撒播于床面,播种后,在种子上覆土 0.6 ~ 0.8 厘米。

播后管理:播种后为防阳光暴晒和暴雨冲刷苗床,及时在畦埂上用竹竿或木棍作支架,覆盖遮阳物,出苗前遇雨要覆盖塑料薄膜,雨过后立即撤掉,有 80% 苗出土时,在早晨或傍晚撤掉遮阳物,苗出土 5 ~ 7 天,完全撤掉遮阳物。苗出齐后覆 0.2 ~ 0.3厘米过筛细土。

分苗床准备同播种苗床一节。二次分苗撒播育苗的,当幼苗 2 ~ 3 片真叶时分苗,宜选阴天或傍晚分苗。按 10 厘米 × 10厘米行株距,在分苗床上开沟,座水栽苗或直接分苗于育苗容器内。分苗后立即浇水,3 ~ 5 天后再浇 1 次缓苗水。缓苗后要进行中耕蹲苗。

苗床管理及病虫害防治,因整个苗期病虫草害较多,需及时除去杂草和喷药防治病虫害。前期浇水后,要适时划锄,使土壤疏松。5~6片真叶时视土壤肥力状况结合浇水冲施一次氮、磷、钾复合肥,每10平方米施用量为0.5~1.0千克。苗期保持畦面湿润。

（2）定植及管理

①整地施肥:在中等肥力条件下,结合整地每亩施优质腐熟的有机肥4 000~5 000千克,氮肥(N)4千克(折尿素8.7千克),磷肥(P_2O_5)5千克(折过磷酸钙42千克),钾肥(K_2O)4千克(折硫酸钾8千克)。

②移栽:一次成苗育苗的,播种后25~30天,幼苗长到4~6片真叶时;二次分苗育苗的,播种后35~40天,幼苗长到6~7片真叶时,进行移栽。

③定植密度:定植密度3 500~4 500株/亩,父本与母本的行比为1:2或1:1。

④肥水管理:定植后立即浇一次定植水,5~7天再浇一次缓苗水。在植株莲座期、包心期分别每亩随水追施氮肥(N)4千克(折尿素8.7千克或碳酸氢铵23.5千克),地面保持见干见湿,冬前种株要形成松散的叶球。

（3）去杂去劣

为保证种株的纯度,要在苗期、莲座期、包心期分别对种株进行严格的去杂去劣,拔除不符合该品种特征特性的植株及病残株。

3.种株越冬

冬前应适时(夜冻昼消)浇封冻水,浇灌后及时中耕培土,培土至叶球的1/3~1/2处。培土时把种株叶片扶起,用细土培种株的根茎部。遇到寒冬,可覆盖地膜。待翌春天气转暖后去掉覆盖物并逐渐将土扒开。

4.种株翌春管理

（1）返青期。翌春2月下旬到3月初,植株开始返青生长后,及时浇返青水,水量要小,随水亩施氮磷钾复合肥 25~30 千克,然后中耕保墒,提高地温。

(2)抽薹至开花期。种株抽薹至开花期要加强肥水管理,在抽薹期、花期分别追肥,结合浇水每次每亩追施氮肥(N)5千克(折尿素 10.9 千克),钾肥(K₂O)2 千克(折硫酸钾 4 千克),花期要保持地面湿润。当 80% 花落时,喷施 0.3%~0.5% 磷酸二氢钾 2~3 次。

(3)结荚成熟期。谢花后浇一次水,地面要见干见湿。进入结荚后减少浇水和追肥次数,防止贪青晚熟。种株抽薹后要及时培土或插支架防止倒伏。

(4)昆虫授粉。制种田要保证蜂源,每亩甘蓝制种田需授粉昆虫 5 000 只以上。花期严禁喷药,以防伤害授粉昆虫。

5. 收获

(1)收割。当种荚开始变黄、种子变褐时,分批分期采收。

(2)晾晒。种株收获后及时晾晒,不可堆积,防止种子发霉变质。种子脱粒后,要在苫布或布单上晾晒。

6. 种子包装、贮藏

种子包装、贮藏按照 GB/T 7414、GB/T 7415 规定方法执行。

7. 种子质量检验

种子的检验方法按照 GB/T 3543.1~7 的规定方法执行。

(七)调节双亲花期

1. 错期播种

视双亲花期相差的日数确定播种期,开花早的亲本晚播,开花晚的亲本早播。如两亲本花期持续时间差异较大,花期持续时间较短的亲本可进行分期播种。

2. 整枝摘心

摘除早开花亲本的主薹和一级分枝的顶部花蕾,并增施氮肥,促其2~3级花枝发育,可延迟花期7~10天左右。当末花期不一致时,及时将花期长的亲本花枝末梢打掉。

3.地膜或小拱棚覆盖

对开花晚的亲本进行地膜或小拱棚覆盖,促其生长发育,使其花期提前。

(八)病虫害防治

为害甘蓝制种生产的病虫害有猝倒病、霜霉病、黑斑病、黑胫病、黑腐病、菌核病、软腐病、蝼蛄、地老虎、蚜虫、棉铃虫、菜青虫、小菜蛾、甜菜夜蛾等。

1.病虫害防治原则和要求

预防为主、综合防治。优先采用农业防治、物理防治、生物防治,科学合理的结合化学防治,将甘蓝有害生物的为害控制在允许的经济阈值以下,达到生产安全、优质的目的。农药施用要采用合理混用、轮换、交替用药。

2.农业防治

创造适宜的生育环境条件,提高抗逆性;清洁田园,做到有利于植株生长发育,避免侵染性病害发生。实行严格轮作制度,避免与十字花科作物连作。

3.物理防治

(1)糖酒液诱杀。按糖、醋、酒、水和90%美曲膦酯晶体3:3:1:10:0.6比例配成药液,放置在田间诱杀成虫,并可根据诱杀量及雌、雄虫的比例预测成虫发生期。

(2)运用诱虫板、杀虫灯诱杀害虫、覆盖银灰色地膜驱避蚜虫。

(3)保护地生产利用防虫网、遮阳网防虫防病。

4.生物防治

采用微生物制剂如苏云金杆菌、棉铃虫核型多角体病毒水分散粒剂、斜纹夜蛾核型多角体病毒水分散粒剂、甜菜夜蛾核型多角体病毒水分散粒剂、小菜蛾病毒及白僵菌、苏云金杆菌制剂等进行生物防治。或采用微生物源农药如阿维菌素、农用链霉素及植物源农药如藜芦碱、苦参碱、印楝素等生物农药防治病虫害。

5. 化学防治

主要病虫害防治的选药用药技术参见附录 B。

附录 A　甘蓝检验项目

1. 苗期检验

在定植前进行。

(1)茎色。绿、微紫。

(2)叶色。浅绿、绿、灰绿、深绿、紫红。

(3)叶形。近圆、卵圆、椭圆、倒卵圆形。

(4)叶缘。全缘、有锯齿。

(5)蜡粉。多、中、少。

2. 结球后期植株及熟性检验

收获前进行。

(1)熟性。由定植到收获的天数。在正常生产条件下允许变动范围：早熟品种 ±3 天，晚熟品种 ±5 天。

(2)植株开展度。植株纵横方向的外叶开展最宽处，以 cm（厘米）表示。允许变动范围 ±5 厘米。

3. 结球后期外叶调查

(1)外叶数(包括已脱落和尚未脱落的外叶)。脱落的外叶数按叶痕记数，变动范围：±3。

(2)外叶色泽。浅绿、绿、深绿、浅灰绿、灰绿、深灰绿、紫红。

(3)外叶着生情况。半直立、半平铺等。

(4)外叶形状。倒卵形、倒卵圆形、扁圆形、椭圆形、近圆形。

(5)叶缘。全缘、缺刻(有、无、深、浅)、大波、微波。

(6)叶柄及中肋颜色。绿白、绿、灰绿、紫红。

(7)叶面生长情况。平滑、微皱、皱缩、有褶。

(8)叶面蜡粉。多、中、少。

4.叶球检验

收获时进行。

(1)叶球形状。圆球、近圆、扁圆、圆锥形。

(2)球顶。平、圆、尖。

(3)球高。由叶球基部至顶部。变动范围:±2厘米。

(4)横径。叶球最宽处之直径。变动范围:±2厘米。

(5)单球重。除去外叶及叶球基部短缩茎后的叶球重。

变动范围:早熟品种±150克(克),中熟品种±250克,晚熟品种±500克。

(6)紧实度。松、中、紧。

(7)球叶色泽。绿白、淡绿、黄绿、绿、紫红等。

(8)腋芽。多、中、少、无。

(9)球内中心柱高。从中心柱基部至柱顶。变动范围:±2厘米。

(10)球内中心柱宽。中心柱横径最宽处。变动范围:±0.2厘米。

5.种株花期检验

在抽薹开花期进行。

(1)始花期(群体内30%的主花枝开花)。早、中、晚。

(2)种株株高。终花期种株基部至主花序之高度,变动范围:±5厘米。

(3)茎色。绿白、绿、灰绿、紫红。

(4)自交亲和指数。自交亲和指数=自交亲和数/总数×100%

自交不亲和系原种种子亲和指数变动范围:±0.3。

（5）雄性不育系不育株率

雄性不育系不育株率（％）＝不育株数／总数×100％

附录 B

（资料性附录）

主要病虫害防治药剂推荐表

防治对象	农药名称	有效成分含量(％)	剂型	每亩制剂量（克）	使用方法
霜霉病黑胫病猝倒病	烯酰·锰锌	69	可湿性粉剂	100～140	喷雾
	三乙膦酸铝	90	可溶性粉剂	500 倍液	喷雾
	百菌清	75	可湿性粉剂	1 000 倍液	喷雾
	霜脲·锰锌	72	可湿性粉剂	110～150	喷雾
	甲霜灵	25	可湿性粉剂	120～170	喷雾
	霜霉威盐酸盐	722 克/升	水剂	350～440	喷雾
	恶霉灵·锰锌	64	可湿性粉剂	500 倍液	喷雾
真菌性黑斑病	代森锰锌	70	可湿性粉剂	150～250	喷雾
	咪鲜胺	25	乳油	30～50	喷雾
	嘧菌酯	25	悬浮剂	10～20	喷雾
	多氧霉素	10	可湿性粉剂	100～140	喷雾
	阿司米星	1	水剂	400～600	喷雾
菌核病	乙烯菌核利	50	可湿性粉剂	75～100	喷雾
	异菌脲	50	可湿性粉剂	50～100	喷雾
	腐霉利	50	可湿性粉剂	40～70	喷雾
软腐病黑腐病细菌性黑斑病	硫酸链霉素	72	可溶性粉剂	15～30	喷雾
	链·土	90	可溶性粉剂	10～15	喷雾
	中生菌素	3	可湿性粉剂	75～100	浸种＋灌根
	络氨铜锌	14	水剂	80～120	喷雾
	氢氧化铜	77	可湿性粉剂	50～70	喷雾
蚜虫	吡虫啉	10	可湿性粉剂	10～15	喷雾
	啶虫脒	3	乳油	40～50	喷雾
	高氯·啶虫脒	5	乳油	30～40	喷雾
	除虫菊素	5	乳油	30～50	喷雾

（续表）

防治对象	农药名称	有效成分含量(%)	剂 型	每亩制剂量(克)	使用方法
棉铃虫 菜青虫 小菜蛾 甜菜夜蛾 蝼蛄 地老虎	棉铃虫核型多角体病毒	600 亿 PIB/克	水分散粒剂	2～3	喷雾
	斜纹夜蛾核型多角体病毒	200 亿 PIB/克	水分散粒剂	4～6	喷雾
	甜菜夜蛾核型多角体病毒	300 亿 PIB/克	水分散粒剂	4～6	喷雾
	苏云金杆菌	8 000IU/毫克	可湿性粉剂	50～100	喷雾
		50 克/升	乳油	40～80	喷雾
	氟啶脲	18 克/升	乳油	50～70	喷雾
	阿维菌素	100 克/升	乳油	20～35	喷雾
	联苯菊酯	25 克/升	乳油	15～20	喷雾
	氯氟氰菊酯	25 克/升	悬浮剂	35～20	喷雾
	多杀霉素	50 克/升	悬浮剂	15～30	喷雾
	氟虫腈	552.5 克/升	乳油	30～60	喷雾
	氯氰·毒死蜱	200 克/升	悬浮剂	65～100	喷雾或毒饵
	虫酰肼	40	乳油	35～50	
	辛硫磷				

注:以上农药使用药剂及剂量仅举例说明,相同有效成分的其他剂型及新上市的农药产品,需安全试验后,方可在生产基地使用,并要严格按照农药安全使用准则及使用说明执行上述药剂应交替使用

第二章　无公害蔬菜标准化生产栽培技术

第一节　番茄栽培技术

一、越冬茬高产高效栽培技术

（一）选用高产优质品种

温室越冬茬番茄采用的品种是金棚系列、中杂系列、粉都系列、欧盾、普罗旺斯等。

（二）播种育苗

温室番茄越冬茬栽培，一般于"白露"前后播种育苗，苗龄50天，"霜降"至"立冬"期间定植。播种前首先对种子和大棚做如下处理：

（1）药剂浸种。用30%的代森铵200倍液或高锰酸钾1 000倍液浸泡1小时，将种子捞出放入清水中清洗干净。也可用25%多菌灵300倍浸种30分钟，后用清水冲洗干净。

（2）温汤浸种。将药剂浸泡过的种子放入盆内，用60℃热水慢慢倒入盆中，边倒边一个方向搅动。水量以淹没种子2～3倍为度。水温降至35℃时停止搅动，在35～25℃温水中浸泡5～6小时，然后捞出种子，即可进行催芽。

（3）催芽。将浸泡吸足水分的种子装入纱布袋（或尼龙袜内），用湿毛巾盖好，置于25～30℃环境催芽，每天用相应温度的温水冲洗 1~2 次,经 2~3 天,半数种子"露白"时,即可播种。

(4)播种。将催过芽的种子,播种在事先准备好的苗床上。苗床土要经过处理,一般是将发酵好的猪圈粪晒干碾细过筛,然后用已过筛的无菌田园土(即未种过茄果类蔬菜的大田土)按土粪 3:1 的比例拌好(80 米长的棚用营养土 5 立方米),每立方米床土中加入过磷酸钙 1 千克,草木灰 5~10 千克,三无复合肥 2 千克,50% 的甲基托布津或 50% 多菌灵 80 克拌匀。铺撒于已经整理好的苗床。苗床一般从大棚的第二间开始,每间做成 2 个长 5 米,宽 1.5 米,高了地面 8 厘米的育苗床,80 米长的棚需上述规格 7 个育苗床。播前,任选一个苗床,泼浇无菌净水 50 千克,待水下渗后播种,覆湿润浮土 0.8 厘米,盖好地膜,搭好小拱棚。

出苗前一般不揭膜放风,使床温保持在 25~28℃,70% 出苗后,去掉地膜。

(5)大棚灭菌消毒。大棚消毒是播种前的最基础的消毒工作,可明显减轻后期病害的发生,是一省工省钱的好方法。新棚旧棚,土壤、棚体均可采用。消毒有高温闷棚消毒和药物消毒。一是利用 8~9 月份扣好棚后,密闭高温(60~70℃)杀菌,闷棚 7~8 天,这样可杀死附着在土壤表面、墙壁、竹竿、立柱、棚顶上的病原菌。同时又借高温充分腐熟施入土壤的有机肥;二是利用化学药剂灭菌,一般采用 50% 的多菌灵 1.5~2 千克或五氯硝基苯 2 千克掺入 50 千克细土,均匀撒入地面翻入土下,进行棚土消毒;定植前 2~3 天,再用 300 倍的菌毒清喷雾进行地表及地表上部分消毒,包括墙壁、立柱、竹竿、棚顶,每亩药剂 50 千克。

(三)加强苗床管理,培育适龄壮苗

培育适龄壮苗是取得高产的重要环节,壮苗的标准为株高

20~25 厘米,节间短,茎秆粗,上下一致,具 7~8 片叶,第一花序显大蕾,叶片肥厚,叶色浓绿,根系发达,须很多,植株未遭病虫害,苗龄 50~60 天。

育苗期管理,主要是调节好苗床温湿度,及时间苗、覆土、分苗。

温湿度调节。当去掉地膜,幼苗 2 片子叶充分展开后,适当降低温度,白天 20~25℃,夜晚 12~15℃,防"高脚苗",并且保证充足的光照。及时间苗、覆土。一般进行二次间苗,第一次在子叶展开后进行,第二次在第一次真叶展开时进行。拔除过密、畸形、细弱、顶壳、病斑等劣质苗,间苗后若床土较干,可适当喷洒水后再撒些细土。否则,可直接撒土,填补因间苗出现的孔隙。覆土次数一般同间苗次数,间成苗距 3~4 厘米的匀苗。

分苗。幼苗在 2~3 片真叶进行分苗。行距 10~13 厘米,株距 10 厘米。起苗时,预先浇一水,便于起苗。分苗要在苗床内先浇水,做成 10 厘米×13 厘米的营养块,后把苗移入营养块中央。也可在苗床一头划沟,以次向里划沟,深浅一致,行距 13 厘米。移入苗子,株距 10 厘米,后顺沟浇小水,水渗后埋土,并注意苗子茎叶干净不沾泥土。苗子要分级分苗。

分苗后,根据天气,搭好拱棚架,上扣薄膜,使床温 30~35℃,地温 20℃以上,以利缓苗生长。此期间,不要通风换气。

缓苗后,分苗苗床开始通风换气,风口由小到大,时间由短到长。此时,苗床内白天温度可控制在 25~30℃,夜间 15℃,以促进花芽分化,减少畸形花。

分苗后至定植前的苗床管理。主要是充分利用日光,增强光合作用,控制苗床温度、湿度,对幼苗进行低温锻炼,培育壮苗,增强幼苗抗性。一般情况下。在定植前 7~10 天,白天应逐渐揭开拱棚模,将温度降至白天 20℃左右,夜间 10℃进行低温炼苗。

(四)施足基肥,配方施肥为番茄高产打下基础

番茄对氮、钾元素的需求量较多,同时也需要适量磷元素肥料,坐果率高,果实长得大,空洞果减少,可实现高产优质。据试验,亩产 5 000 千克番茄需从土壤中吸收 10~17 千克氮素,5 千克左右磷,23~26 千克氧化钾,而番茄对氮和钾的吸收率为40%~50%,对磷的吸收率为 20% 左右。考虑到利用率,这就需多用些肥料。氮能促进植株的生长发育,尤其表现在生长前期。磷对果实和种子的发育以及培育壮苗起着重要作用,钾能促进对氮的吸收和促进碳水化合物的运转,增强植株的抗病能力,延长结果期,对果实品质有良好作用。因此,肥料相互按比例配合,才会创高产,以有机肥为主,氮、磷、钾配合,施足底肥,一般一亩棚施入优质圈肥 10 000 千克,还要结合深翻施入钾肥 30~40 千克,或草木灰 100 千克,磷酸二铵 20~30 千克。菜农有使用饼肥的习惯,一般每亩 750~1 000 千克饼肥,但对饼肥一定充分腐熟好,结合起垄当底肥施用,也可每株单施,还可开花前苗期及早追施。

(五)适时定植,促壮苗早发

当苗高 20 厘米,6~7 片真叶或苗龄 50 天后,选择晴天及时定植,为促壮苗早发,定植前后一般注意以下几点:

(1)起垄定植。采用大、小行起垄种植,大行 50~80 厘米小行 40 厘米,垄高 15 厘米,每垄定植两行。定植时按早、中、晚熟品种和植株高度确定密度,一般早熟品种每亩 4 500 株,中、晚熟品种 3 500 株,带水定植,栽植后及时覆盖地膜。

(2)移栽前一天。注意将苗床浇足水,挖大坨 10 厘米见方,做到少伤根,不散坨,苗子分级种植。

(3)定植时和定植后坐果前。忌浇大水,定植后将地温控制在20℃以上,气温保持在 30~35℃,以促进缓苗。

(4)若因温度过高出现徒长时。可用 1 000 毫克/千克的助壮素(丰产灵)或 500 倍矮壮素调控。一般喷洒 1～2 次。

(六)加强技术管理,确保高产优质

1. 水肥管理

定植后到缓苗前一般不浇水,缓苗后可根据土壤状况适当浇水,以后在第一穗果坐住之前不浇水,叫做"蹲苗"以促进根系下扎。如特别干旱,可在地膜下轻浇暗水。当第一序果核桃大,二序果蚕豆大,三序果花蕾刚开花时,结束"蹲苗",开始灌水,每 10～15 天 1 次,并结合灌水,冲施尿素或二铵,每次 7.5～10 千克,并注意补施 CO_2 气肥。

2. 吊蔓与整枝

植株长到一定高度时,如不及时吊蔓就容易倒伏(无限生长类型),影响光合。吊蔓一般在第一序花开花时进行,先在番茄上方,拉一南北向铁丝,将塑料绳一头拴于植株基部,另一端拴在铁丝上。以后操作,可以用绳绕蔓。

整枝与打杈同时进行。一般采用单干整枝,只留主干,把所有侧枝全部去掉,有利于加强通风透光和防止徒长,减少养分无谓消耗,提供给果实更多的光合产物。打杈不要过迟,掌握在侧芽长到 6～7 厘米时为宜,要在晴天上午进行,以利于伤口愈合。

3. 疏花疏果及防落果与畸形

为保证高产优质,在坐果后,可根据植株长势而适当疏花疏果。目前菜农绝大部分每株只留 4～6 个果穗。第一、第二果穗留 2～3 个果,第三穗果以后的果穗留 3～4 个果。这样,可促进养分运输集中,果大质优,提高商品性,

番茄落花落果现象在棚内经常出现,是生产中十分重要和难解决的问题。引起落花落果的原因很多,但主要是环境造成的,温度过高或过低,光照不足,水分缺乏,有机营养不足等,苗期夜温低于 15℃ 花芽分花不良也会引起落花和畸形。解决的方法主要是通过激素处理,通常用 2,4-D 点花柄,浓度为

10~20毫克/千克,以当天开放的花最好,从9时到15时以前,但要避免中午高温。因为2,4-D作用强烈,最易引起药害,导致番茄畸形,降低商品性。点花质量的优劣取决于以下4个方面:①2,4-D的浓度;②点药液的量;③作物长势;④环境温度。使用防落素点花较2,4-D明显降低药害,浓度20~40毫克/千克。

4.盛果期综合措施

①适宜的温度:气温25~28℃,地温20~25℃;

②土壤含水量17%~20%,10~15天浇水;

③充足的光照:经常揩擦棚膜,有良好的透光率,草帘要早拉晚盖;

④经常性叶面追肥:7~10天1次,种类多样;

⑤乙烯利催熟:500~1 000毫克/千克乙烯利喷果。

二、番茄病害综合防治技术

番茄病害主要有病毒病、早疫病、晚疫病、灰霉病、叶霉病、脐腐病、青枯病、溃疡病等。

(一)番茄病毒病

1.症状

番茄病毒病主要有4种类型。一是花叶型,番茄顶部叶片出现黄绿相间的花叶,新叶小,不展;二是厥叶型或卷叶型,植株顶部新叶呈线状,或皱缩卷曲,病株矮小;三是条斑型,在茎秆上形成暗绿色至黑褐色条纹,凹陷,病果畸形,果面上出现青皮花斑或铁锈坏死斑,不着红色,剖开果实沿果皮和果肉间有褐色条纹;四是黄化曲叶病毒,以植株上部叶片变小变圆,向上卷曲,边缘至叶脉区域黄化,果实变小,膨大慢不能正常转色。

2.发病条件

花叶型病毒病是由烟草花叶病毒侵入引起的,它毒力强,可侵染多种植物;厥叶型病毒病是由黄瓜花叶病毒侵染引起的,它的寄生范围也很广;条斑型病毒病是由烟草花叶病毒的另一个株系侵染所致,在番茄、辣椒上表现系统条斑症状;黄化曲叶病毒是由烟飞虱引起的。

病毒病由种子、病株、病果、蚜虫、烟飞虱传病,主要是接触传播。高温、干旱发病重,土壤缺钙、缺钾、缺锌花叶病重。

3. 综合防治方法

(1)农业措施。选用抗病品种,注意清洁田园,及时将病株、病果清除埋掉;增施磷、钾、锌肥,叶面喷施微肥,增强抗病力;适时浇水,在盛果期做到土壤湿润不干裂,防止因缺水加重病情;适期播种,保持白天棚温 25~30℃,夜间 15℃左右,昼夜温差加大,可减轻发病。

(2)种子消毒处理。先将种子放入清水中浸泡 3~4 小时,再放入 10% 磷酸三钠溶液中浸种 30~40 分钟,然后用清水冲洗干净,再催芽、播种。

(3)全棚消毒和治蚜防病。前茬收后,及时清洁田园,距播种番茄期间隔半月以上,使病残体全部腐烂。这时可用菌毒清 300 倍液或 848 消毒液 300 倍液,加治蚜虫、飞虱药剂,全棚喷洒,杀死棚内残存的病菌、蚜虫和飞虱。

(4)药剂防治。目前综合防治病毒病尚无特效药物,应预防为主,根据现有的药物配合施用,尽量抑制病毒病发生。综合防治花叶病毒病,可用 5% 菌毒清 300 倍液,1.5% 植病灵 500 倍液,83~1 增抗剂 200 倍液,2% 菌克毒克 200~400 倍液,硫酸锌 800 倍液,绿芬威 1 号 1 000 倍液等,综合防治蕨叶和条斑病毒病可用 5% 菌毒清 300 倍液,20% 病毒A500 倍液,抗毒剂 1 号 400 倍液,磷酸三钠 500 倍液等,此外,结合叶面喷施含磷、钾、锌的叶面肥,增强抗病能力,既防病又丰产。

（二）番茄早疫病

1. 症状

番茄早疫病又称轮纹病。可侵染叶、茎、果。在叶片上呈近圆形黑褐色病斑,有同心轮纹;在茎秆上形成圆形或椭圆形深褐色病斑,稍凹陷,有同心轮纹,为害果实多在果柄处或脐部为圆形黑褐色病斑,凹陷,有同心轮纹。

2. 发病条件

高温、高湿有利发病。发病最适温 25～30℃,先是由叶片自下而上发病,逐渐向茎、果发展。重茬地、种植过密、基肥不足发病重。

3. 综合防治方法

（1）加强管理。注意轮作换茬,合理密植,增施基肥及时通风散地,摘除下部老叶、病叶和病果,减轻病害。

（2）药剂防治。75% 百菌清 600 倍液,50% 多菌灵 500 倍液,50% 托布津 500 倍液,50% 扑海因 1 000 倍液,70% 代森锰锌 500 倍液,80% 喷克 500 倍液,78% 科博 500 倍液,每 5～7 天喷 1 次,连喷 2～3 次,也可用 40% 百菌清烟剂,每亩 250～300 克。

（三）番茄晚疫病

1. 症状

番茄晚疫病主要为害叶、茎、果。从幼苗开始发病,由叶片向茎部发展,呈黑褐色,腐烂,植株折倒枯死,潮湿时会产生白色霉层。成株期叶片多从叶尖边缘出现水浸状渐变暗绿色病斑,病斑背面长出白色霉层;茎秆上呈水浸状病斑,渐变暗褐色,青果期易被害,近果柄处形成油渍状暗绿色病斑,渐变棕褐色,病斑较硬不变软。

2. 发病条件

低温、高湿有利于发病,发病适温 18～22℃,遇到阴雨雪天气,湿度大,温度低,发病最快。重茬地,通风不良,过于密植发病重。

3.综合防治方法

(1)加强管理。合理密植,及时整枝打杈,摘除老叶、病叶、病果,注意通风排湿。

(2)苗床药剂处理。育苗时可用乙膦铝锰锌或瑞毒锰锌,按每平方米用药 10 克,加适量细干土拌匀,撒于畦面,划锄入土,搂平播种。

(3)药剂防治。发病初期开始用药,70% 代森锰锌 500 倍液,80% 乙膦铝 500 倍液,80% 喷克菌灵 500 倍液,25% 瑞毒霉 800 倍液,58% 瑞毒锰锌 500 倍液,64% 杀毒矾 500 倍液,72% 克露 600 倍液,50% 丰护安 500 倍液,34% 绿事铜 500 倍液,27% 铜高尚 400 倍液,78% 科博 500 倍液。每 5～7 天喷 1 次,连喷 2～3 次。

(四)番茄灰霉病

1.症状

此病从开花期开始染病,青果期发病严重,先侵害花瓣、花托和柱头,后向幼果侵染。被害处呈水浸状软腐,表面产生灰色霉状物,病花或病菌散落到叶片、茎秆上,造成烂叶、烂茎,产生灰色霉状物。

2.发病条件

低温、高湿是发病的主要条件;病菌在病残体或留在土壤中越冬,病菌孢子随气流、流水传播。遇到阴雨雪天气,发病加重。

3.综合防治方法

(1)清洁田园。及时摘除老叶、病叶、病花、病果,彻底清除病残体。

(2)生态防治。调节好棚内温度、湿度,注意保温、散湿,控制病害发展。

（3）药剂防治。发病初期开始用药,50%速克灵1 500 倍液,50%扑海因1 000 倍液,50%多菌灵 500 倍液,50%农利灵500 倍液,65%甲霉灵1 000 倍液,50%多霉灵1 000 倍液,40%特立克 800 倍液,40%百可得1 500 倍液,40%施佳乐嘧霉胺1 000倍液,每5 ~7 天喷1 次,连喷2 ~3 次。在阴雨天可用速克灵烟剂或速克灵粉尘剂。此外,结合番茄沾花在 2,4 - D 溶液中加入 0.2%速克灵或多霉灵,防止落花又兼治病害。

（五）番茄叶霉病

1. 症状

此病主要为害叶片。叶片受害后,叶面出现近圆形的淡黄色褪绿斑,叶背面病斑上出灰紫色绒状霉层。发病严重时全株叶面卷曲,呈现黄褐色而干枯。

2. 发病条件

病菌在种子、病残体上越冬,随气流和浇水传播。病菌发病适温 20 ~25℃,在高湿条件下,发病重。遇到阴雨天气,通风不良,棚内湿度大,发病迅速。

3. 综合防治方法

（1）加强通风散湿。及时摘除下部老叶、病叶,以利通风透光。

（2）药剂防治。可用 75% 百菌清 600 倍液,70%代森锰锌500 倍液,50%多霉灵1 000 倍液,50%多菌灵 500 倍液,50%甲基托布津 500 倍液,60%防霉宝 500 倍液,10%宝丽安多抗霉素600 倍液,每5 ~7 天喷1 次,连喷2 ~3 次。阴雨天可用百菌清烟剂,每亩350 克,或百菌清粉尘剂,每亩1 千克。

（六）番茄青枯病

1. 症状

主要发生在成株期,先是顶部叶片萎蔫,随后下部叶片萎蔫,致使全株凋萎,青枯而死。

病株颈基部表皮粗糙不平有小突起,并长出不定跟,剖开茎内木质部变褐色。严重时茎内导管变褐腐烂,有臭味,植株倒伏。

2.发病条件

此病为细菌性病害,随病残体在土壤中越冬,病菌从根部或茎基部伤口侵入,随流水传播。高温、高湿发病重,发病轻重与土壤有关,当土温20℃左右时开始发病,土温上升到25℃时发病最重。

3.综合防治方法

发现病株后,可用50% DT500 倍液,78%科博 500 倍液,34%绿乳铜 500 倍液,27%铜高尚 400 倍液,77%可杀得 500 倍液灌根,每株灌药液 0.5 千克,每 10 天左右灌 1 次,连灌 2 次。

(七)番茄脐腐病

1.症状

发病初期的幼果脐部出现水渍状暗绿色病斑,并向内凹陷,表皮不破裂,不腐烂,渐变黑褐色。

2.发病条件

此病为生理性病害,主要是缺水、缺钙造成的。在结果期水分供应不足,果实缺水,果肉组织坏死,形成脐腐;或者土壤过于黏重,碱性过大,根系不发达,影响水分吸收,造成脐腐;再是土壤缺钙,致使脐部细胞生理紊乱,失去控制水分的能力而发病。

3.综合防治方法

(1)适时浇水。青果期容易发生脐腐病,在幼果坐果后一个月内,适时浇水,做主水分供应,做到见湿不见干。

(2)根外追肥。坐果后是吸收钙的关键时期,这时可用绿芬威 3 号(含钙20%)600 倍液或1%过磷酸钙浸出液,或0.3%氯化钙液,每隔10~15 天喷 1 次,连喷 2 次。

(八)番茄溃疡病

1. 症状

苗期和成株期均可发病,最初下部叶片凋萎下垂,叶片卷缩,似缺水状。后期病株茎秆上出现狭长的条斑,上下扩展,病部茎秆变粗,生出气生根,茎里中空,髓部变褐,后期溃疡斑开裂。幼果发病后皱缩、畸形,青果表面病斑圆形,外圈白色,中心褐色,似鸟眼状,此为溃疡病的特有症状。

2. 发病条件

此病为细菌性病害,病菌在种子或残体上越冬,由伤口侵入。病菌在 1~33℃ 条件下都可以发育,适宜温度 25~29℃,致死温度 53℃,高温高湿有利发病。露地栽培遇暴雨天气发病严重。

3. 综合防治方法

(1)加强种子检疫。此病可通过种子带菌传播,后应注意不要到疫区调种,并严格检疫。

(2)种子处理。用 55℃ 温水浸种 15 分钟,杀死种子上的病菌。

(3)清洁田园。及时拔除病株,埋掉或烧毁。

(4)药剂防治。育苗时苗床可用 DT 或丰护安,按每平方米用药 10 克,加适量土拌匀,撒于畦面,划锄入土,再播种育苗,发现病株可用 50% DT500 倍液,50% 丰护安 500 倍液,34% 绿乳铜 500 倍液,27% 铜高尚 400 倍液,78% 科博 500 倍液,地上喷雾,地下灌根。

第二节 黄瓜栽培技术

黄瓜原产于东印度,传入我国已有两千多年的历史,是我国北方地区重要的果菜类蔬菜。黄瓜喜光喜温,过去主要进行露地栽培,近十几年来,随着塑料大棚、中小型拱棚和日光温室等保护栽培方式出现,使黄瓜实现了周年生产周年供应。黄瓜为典型的高产高效的作物,大棚栽培中一般亩产在 0.75 千克以上,高产的可达到 3 万千克。

一、大棚早春栽培

(一)品种选择

大棚早春栽培要求品种早熟性强,第一雌花节位低,叶蔓生长适宜,具有较高的抗病性等。主要品种有新泰密刺、长春密刺、新世纪、金世纪、津优 1 号、津优 10 号、中农 5 号、农大 12 号等。

(二)培育适龄壮苗

培育无病适龄壮苗是黄瓜丰产的关键,大棚黄瓜适宜苗龄 40～45 天,采用电热温床育苗 30 天可达到一植标准。大棚一般多采用温室育苗、酿热温床育苗、火坑育苗,大棚单层薄膜覆盖栽培,播种期为 2 月上旬,大棚多层覆盖与单斜面大棚可于 1 月上旬育苗。

1.苗床营养土调制

可用 5 份过筛园土(3 年内未种过黄瓜的园土)、2 份过筛腐熟厩肥、3 份腐熟马粪混合均匀。每立方米营养土中再掺入腐熟粪干 15～20 千克、草木灰 10 千克及多菌灵或甲基托布津 80 克、美曲膦酯 60 克。营养土配好后装营养钵或填入苗床内。

2.种子处理与播种

种子先用 60℃温水浸种,浸种时要不断搅拌,温度降到 30℃时,再浸泡 4 小时,浸泡后将种子搓洗干净,然后进行催芽。为预防黄瓜枯萎病,可在浸种前用 100 倍福尔马林液浸泡种子 10～20 分钟,然后充分清洗干净,再浸各催芽;也可用 600 倍 50%多菌灵浸泡种子后催芽。催芽温度25～30℃。

播种可采用营养钵育苗或划块育苗。营养钵育苗要将土装

73

至营养钵口下2厘米,将营养钵排入畦内,划块育苗是在苗床营养土整平压实后灌水,然后用刀切块,株行距为10厘米×10厘米。

于播前2~3天浇透底水,为提高床温,可在苗床上覆盖地膜增温或用电热线加温。选晴天上午播种,播种前要喷1次水。播种覆土后仍用地膜或电热线增温,保持白天28~30℃,夜间18℃,3天即可出苗。出苗后撤掉地膜,在苗床上撒1次土以保温增温。

3. 苗床管理

影响黄瓜幼苗生长最明显的是地温,黄瓜幼苗根系生长适宜地温为20~25℃,12℃以下停止生长,黄瓜定植前5~6片真叶时,苗床需10℃,进行分段变温管理,是培育壮苗的有效措施。幼苗期间,苗床温度掌握在10~14时为28℃,14~20时为26℃,上半夜为20~18℃,下半夜为12~14℃。这样可使幼苗生长健壮,花芽分化良好。定植前降温炼苗。

苗期可喷1~2遍75%百菌清可湿性粉剂1 000倍液防治病害。有缺肥症状的,可叶面喷施0.3%尿素或0.2%磷酸二氢钾。

(三)定植及定植后管理

1. 整地施基肥

前茬作物收获后,应于秋冬施肥整地,一般亩施4 500~6 000千克土杂肥作基肥。配合施入过磷酸钙100千克,硫酸钾50千克,并同时喷洒多菌灵粉剂1.5千克、美曲膦酯1千克,然后深翻晒垡。

定植前1个月扣棚,提高地温,提前半个月整地作畦。平整土地后,按栽培一行开沟。开沟后再亩施300~400千克腐熟圈肥,可集中条施,施肥后作成高垄。垄距为50厘米×70厘米的宽窄行。

2.定植期

拱圆形大棚采用单层薄膜覆盖定植;采用大棚内扣小拱棚、盖地膜、三层覆盖,2月下旬至3月上旬,单坡面春用型大棚盖草苫,可于1月中下旬定植。定植前10厘米地温必须稳定在12℃。

3.定植方法与密度

定植要选连续晴天上午进行。定植方法有穴栽暗水定植、开沟明水定植和水稳苗定植3种。

穴栽暗水定植,是在高垄的两侧先开沟,然后在沟内按株距挖穴定植,封沟后再开小沟引水润灌,灌水后下午再封小沟,使地温不降低。这种定植方法灌水量小,易干旱,应注意适当早浇第一水。

开沟明水定植,是在高垄上开深沟,按株距栽苗,少埋一些土,栽植不可太深。栽好苗后引水灌沟,灌水后第二天下午封沟。这种定植方法用水量大,定植后不必再浇缓苗水,但地温较低,定植后要及时覆盖地膜,提高地温。

水稳苗定植,是在高垄上开沟后先浇水,在水中放苗,水渗下后封沟,有利于地温提高。

定植密度以每亩4 000株左右为宜。

(四)结瓜期管理

1.结瓜前期处理

在根瓜坐住并已开始伸长时,选晴天进行追肥,每亩施用尿素15千克左右,随水灌入沟内,灌完水后把地膜盖严。5~6天灌1次水,隔1次浇水追1次肥,追肥数量、方法同前。

白天温度保持25~32℃,超过32℃放风,拱圆形大棚20℃时停止放风,单坡面大棚20℃时覆盖草苫,前半夜保持16~20℃,后半夜保持13~15℃。由于外界温度已升高,尽量早揭晚盖草苫,争取多见阳光。当棚外最低温度达到15℃以上时昼夜通风,阴雨天也要揭开草苫。

黄瓜植株长到 25～30 片叶时摘心,促进回头瓜的着生,提高采收频率,由原来 3 天 1 次逐渐提高到每天采收 1 次。

2. 结瓜后期管理

黄瓜植株摘心后,进入生育盛期,随温度升高功能叶数量逐渐减少,功能叶的寿命也在缩短。此期的重点是加强病虫害防治,避免早衰,延长采瓜时间。要加大放风量,控制棚内湿度,减少灌水次数,降低温度,控制茎叶生长,促使养分回流,多结回头瓜。摘除老叶、病叶、黄叶。

二、大棚秋延迟栽培

大棚黄瓜秋延迟栽培在河南多选用拱圆形大棚和单坡春用型大棚两种棚型,其上市期为秋末冬初,结合采后贮藏可延至元旦节。

(一)品种选择

拱圆形大棚、单坡面春用型大棚秋延迟栽培的黄瓜,生长前期高温多雨,后期低温寒冷。因此,所栽培的品种需具备抗病丰产,生长势强,且苗期较耐热的特点。目前,栽培的品种主要有新世纪、金世纪、津优 1 号、津优 2 号、津优 10 号等。

(二)培育壮苗

1. 播种期

播种过早,苗期及结果期正处在高温多雨季节,秧苗易徒长,易感染病毒病、霜霉病等病害,导致植株早衰,抗逆能力降低,使后期抗寒力减弱,并且结瓜期在霜前,与露地夏秋黄瓜上市期重叠时间较长,效益较低。如播种过晚,虽病害较轻。植株生长健壮,但结瓜时间缩短,盛瓜期到来之前天气已转冷,产量较低。试验证明,在河南省适宜播种期为 7 月下旬至 8 月上旬。采用拱圆形大棚的,可于 7 月下旬播种,10 月上旬进入盛瓜期,延迟到11月上中旬拉秧;单坡面春用型大棚于8月上旬播种,10月下旬进入盛瓜期,12月上旬拉秧。

2. 播种方法

有直播和育苗移栽两种方法,生产上多采用扣棚直播的方法。扣棚直播,不移栽、不伤根,土传病害较轻,但苗子容易徒长,用工较多,苗期管理困难;育苗移栽,苗床温光容易控制,易培育壮苗,且可于7月中旬采用遮阳网育苗,保持较长的生育期。

大棚黄瓜秋延迟栽培。采用育苗移栽,可在大棚内或小拱棚内搭凉棚或用遮阳网育苗既降低温度,又可防雨。育苗畦宽1~1.2米,长6米左右,先整平畦面,撒施充分腐熟的猪圈粪和鸡禽粪,翻10厘米深,使土和粪掺匀,耧平畦面,按10厘米×10厘米行株距划方格,在每格中央平摆2粒种子,上面盖营养土1厘米厚。

3. 苗期管理

出苗后要保持畦面见干见湿,浇水要在早晨和傍晚进行。在2片真叶刚出现时,用100毫克/千克的乙烯利处理1次。育苗期间应掌握保持土壤水分充足,不能控水。

(三)定植

1. 整地起垄

前茬作物收获后,及时整地施肥,一般每亩施用优质腐熟圈肥3 000千克,过磷酸钙100千克、硫酸钾50千克作基肥,同时,每亩喷洒1.5千克50%多菌灵粉剂或50%甲基托布津粉剂进行土壤消毒。然后灌水,待土壤干湿适宜时翻地、整平后带墒起垄,整成垄底宽80厘米的大垄,大垄中间开20厘米的小沟,形成两个宽30厘米,高10厘米的小垄,两个大垄间有40厘米的大沟,每个小垄上栽植一行或做成60厘米等行距小高垄,单行栽植。

2. 定植

播种后 20 天,幼苗 3 片叶时为定植适期。苗龄不能过大,因苗龄太大,割坨时伤根就多,对缓苗和发棵不利,同时育苗期气温高,苗易感病和徒长。定植前,在育苗畦灌大水,然后割坨,选择生长健壮、大小一致的秧苗,株距 20 厘米左右,每亩栽苗 4 500 ~ 5 000 株,栽植时先把苗坨摆入沟中,覆土稳坨,沟内灌大水,1 ~ 2 天后土壤干湿合适时先松土再封掩,定植深度以苗坨面低于垄面 2 厘米为宜。

直播可采用开沟点播方法,先在垄上开深 3 厘米、宽 5 ~ 6 厘米的小沟,引水灌沟后点播,每 9 ~ 10 厘米放 1 粒种子,播后覆土 1.5 厘米,3 天可出齐苗。如墒情不中,出苗前要灌水促苗。2 片真叶时定苗。定苗密度每亩 4 500 ~ 5 000 株。必须用 100 毫克/千克乙烯利处理 1 次。

(四)定植后的管理

1. 温度和湿度的调节

结瓜前期,自 7 月下旬至 9 月中旬,无论是直播还是育苗移栽,拱圆形大棚应将棚四周的塑料薄膜全部揭开,留棚体顶部薄膜,以减轻直射光的强度,并能降温防雨。除雨天外,要加强通风,白天保持 25 ~ 28℃,夜间保持 13 ~ 17℃,昼夜温差在 10℃以上。夜间要留通风口散湿,防止结露。单坡面大棚,要将后墙上的通风窗全部打开,并将前柱以南的薄膜揭开加强通风。要及时中耕浅锄,降低土壤湿度。

结瓜盛期,从 9 月中旬到 10 月中旬,棚内温光适宜,有利于黄瓜生长。到 10 月中旬时,外界气温下降较快,应充分利用晴朗天气,白天将棚内温度提高到 26 ~ 30℃,夜间注意保温使之达到 13 ~ 15℃,通风要灵活掌握,白天在温度适宜的情况下,要加强通风,当最低温度低于 13℃时,夜间要关闭通风口。

结瓜后期,从 10 月中下旬到拉秧,外界气温急剧下降,要加强保温管理,拱圆棚四周及棚顶的薄膜要压紧封严。单坡面棚要将北墙通风窗封严,并将草苫盖好,当最低气温低于12℃时,要按时揭盖草苫。要推迟放风时间,提高白天温度,并采取保温措施,使夜间保持较高的温度,尽量延长黄瓜生育时间。当棚内最低温度降至10℃时,可去掉支架,将黄瓜茎蔓落下来,架小拱棚保护,夜间再加盖草苫保温,延长采收供应期。

2. 肥水管理

秋延迟黄瓜定植后,表土见干见湿时浇一次缓苗水,大小行都要浇水,结果前的灌水以控为主,少灌水或灌小水,并减少氮肥用量,适当增施磷钾肥。插架前可进行一次追肥,亩施腐熟人粪尿500千克或腐熟粪干300千克。施追肥后灌水插架。进入盛瓜期,肥水要足,一般追肥2~3次,每次每亩用尿素10千克或腐熟人粪尿500~750千克,随水冲施。还可结合喷药,喷施0.2%尿素和0.2%磷酸二氢钾溶液。浇水掌握温度高时可4天浇一水,后期温度低时可5~6天浇水,10月下旬后7~8天浇1水。

秋延迟黄瓜易徒长,坐瓜节位较高,要及时上架和绑蔓,结合绑蔓,抑强扶弱,协调株间长势。秋延迟黄瓜可利用侧蔓增加后期产量。一般在侧蔓上留2片叶1条瓜时可摘心。但要防止秧蔓过密,当植株长到25片叶后要及时打顶摘心,促进回头瓜的生长。

3. 防治病虫害

秋延迟黄瓜因前期高温多湿,易感霜霉病、白粉病等病害,并发生蚜虫为害。一旦发现,要及时进行喷药防治。同时,严格控制大棚内的温度和湿度,创造一个良好的生态环境,减轻病害的发生和流行。

三、冬暖型大棚越冬栽培

利用冬暖型大棚为保护设施,使用 PVC 无滴农膜为覆盖材料,并采用多层覆盖、嫁接苗、反光幕、二氧化碳气体施肥等新技术新成果,使黄瓜在目前最简易设备条件下,深冬期间仍能继续生长并陆续采收直至初夏。

(一)品种选择

冬暖型大棚越冬茬黄瓜,要求在一年中温度最低、光照最差的季节开花结果,因此,品种要求耐低温,耐弱光,根瓜节位低,抗枯萎病、白粉病、霜霉病能力强,瓜条在温度较低的条件下生长速度快等特点。

目前,在生产上仍以新泰密刺、长春密刺和津春3号为主栽培品种,搭配种植的品种有中农5号、津优1号、津优10号。

(二)嫁接育苗,培育壮苗

播种期:适宜播种期为9月下旬至10月上旬,采用靠接法嫁接育苗的,黄瓜比南瓜提前3天播种;插接法嫁接的,南瓜比黄瓜提前3天播种。

嫁接技术要点

(1)靠接技术。靠接法简便实用,易于操作,成活率高。具体方法是:用竹签将两种苗子取出,以南瓜苗作砧木,先将南瓜苗的顶心剔除,从子叶下方1厘米处,自上而下呈45°下刀,割的深度为茎粗的1/2,最多不超过2/3,割后轻轻握于左手,再取黄瓜苗从子叶下部1.5厘米处,自下而上呈45°下刀,向上斜割1/2深,然后两种苗子对挂住切口,立即用嫁接夹夹上,随后栽入嫁接苗床。应注意以下几点:一是苗子起出后,要用清水冲掉根系上的泥土。二是嫁接速度要快,切口要镶嵌的准,夹时黄瓜茎在内侧。三是嫁接好的苗子要立即进行栽植,边栽边盖上小拱棚,注意保温、保湿、遮阳,刀口处一定不能沾上泥土。

栽植方法:用小木棍或小铁铲在育苗床按东西向10厘米行距,划出5厘米深的沟,浇秀水。水渗到2/3时,按株距10厘米将嫁接苗的两条根,轻轻按入泥土中,用土把沟填平(不能埋住嫁接夹,刀口处不能沾泥土和水)。边栽边盖棚膜,棚室顶部随之放草帘子遮阳。

(2)嫁接后的管理。遮阳:遮阳是为了保护苗床的湿度和防止高温,阳光强时放草帘子,阳光弱时拉起草帘子,秧苗有萎蔫现象时,进行遮阳,栽植2~3天后,撤去拱棚膜,一周以后不再遮阳。

保湿:保持一定的湿度是嫁接成败的关键措施,嫁接后2~3天内,小拱棚要覆盖严,不能通风,苗床的相对湿度控制在85%以上。

温度:黄瓜接口愈合的适宜温度为25℃,温度过低,接口愈合慢,影响成活率;温度过高,易导致嫁接苗失水萎蔫。嫁接后3~5天内,白天保持24~26℃,不超过30℃,夜间18~20℃,不低于15℃,3~5天后开始通风降温。

通风:嫁接3~5天可开始通风,初始通风量要小,以后逐渐加大,一般9~10天后进行大通风。若发现秧苗萎蔫,应及时遮阳喷水,停止通风。

(3)苗期管理。除嫁接技术外,其他管理可参考早春管理。

(三)定植

1. 定植前准备

定植前10~15天扣棚。扣棚后整平,深翻土地,然后浇透水,闷棚4~5天后通风散湿。黄瓜为喜肥作物,氮磷钾合理进行配合施用,需钾尤多。据测定每吨产品需 N 2.8 千克,P_2O_5 0.9 千克,K 0.4 千克。其施肥倍率分别为 1.5、2.8 和 1.2,若按 7.5 吨产量计算需 N 33.6 千克,P_2O_5 18.9 千克,K 36 千克。因其根系弱,吸肥力差,生长周期长和处于严冬季节,为此,应以有机肥为主,分层施足基肥,亩施 1 万千克腐熟的优质圈肥,尚需 N 26.6 千克,折尿素 57.8 千克(主要用于追肥);需 P_2O_5 10.2 千克,折过磷酸钙 72.9 千克,其中 46 千克基施,第一次追肥施 26.9 千克;需 K 16.2 千克,折硫酸钾 32.4 千克,其中基施 12.4 千克,第一、第二次追肥各施 10 千克。

小高垄地膜覆盖:采用南北向双高垄地膜覆盖的畦式。一般可提高地温 2℃左右,还可大大减少土壤水分蒸发,降低棚内湿度,地膜还可起到反光的作用。双高垄的规格为垄高 15 厘米,垄宽 30 厘米,使行距为 50 厘米×70 厘米。

2. 定植方法与密度

定植要选晴天午后光弱时,顺垄开沟浇水后定植。摆苗时子叶方向要一致,培土深度以保持苗坨与垄面相平为准,不要使秧苗嫁接切口接触地面,避免接穗黄瓜产生不定根而感枯萎病。定植密度第小垄一行,株距 28～30 厘米,每亩 3 800～4 000 株。嫁接苗可稀一点,自根苗可密一点。水渗后盖地膜,然后破洞引苗,再把地膜两侧压少量土固定。

(四)定植后的管理

1. 温度管理

(1)定植至发棵。以促根为主,白天 25～30℃,夜温不低于 15～20℃,缓苗后陆续通风降温。

(2)深冬严寒季节,发棵后,随着天气情况的变化,将温度控制在适温下限,晴天白天最高温度不超过 28℃,夜间最低温度 10～20℃;阴天白天尽力提高温度,夜间最低 8～10℃,保持昼夜 8℃以上的温差。

(3)2 月下旬后,气温逐渐回升,黄瓜进入结瓜盛期,晴天白天不要超过 30℃,夜间 12～14℃。

2. 不透明覆盖物的管理

(1)覆盖物采用长 8 米、宽 1.2 米、厚 5 厘米以上、严密、紧实、5 道腰的稻草苫,实行压半覆盖。

(2)揭盖时间。定植前上苫子。上午揭苫子的适宜时间,以揭开苫子后棚内气温不下降为准,晴天当阳光照到棚面及时揭开。盖苫子时间,原则上是日落前,在棚内气温 18~20℃时覆盖,最早不得早于 15 时。

(3)灾害性天气的管理。遇一般雨雪天气,棚内气温不下降就要短时揭开或随揭随盖;如连续阴天,棚内气温不下降仍要揭开苫子,中午进行短时通风,下午要比晴天提前盖苫子,但不可过早。连续阴天后的骤晴天气,也不能突然全部揭开苫子,应陆续间隔揭开,中午阳光强时可将苫子放下,至阳光稍弱时再揭开。

3. 通风排湿

(1)定植至发棵。缓苗前不进行大通风,缓苗后要加强通风。至严冬前,棚内温度达到要求时,夜间要留通风口,即盖苫子后将通风口间隔扒开,减少湿气,防止夜温过高。随着气温逐渐下降,通风量逐渐减少。

(2)深冬严寒季节。夜间不再通风,白天通风量要逐渐减少。棚温较低时,中午前后仍要通小风,以排出棚内有害气体及湿气。

(3)2 月下旬后,随着气温回升,通风量要由小逐渐加大,依照棚内气温的变化,通过通风,尽量维持棚温于适宜温度的下限范围。

4. 肥水管理

在施足基肥的情况下,定植至深冬季节一般不进行追肥,但可结合喷药进行 2~3 次根外追肥,0.2% 磷酸二氢钾加0.2% 尿素或 0.3% 三元复合肥交替喷施。2 月中旬追施一次尿素,每亩 5~7.5 千克。3 月上旬追施一次三元复合肥,每亩20~25 千克。3 月下旬、4 月上旬各追一次尿素,每亩 5~7.5千克。在浇水管理上,从定植到深冬季节,以控主为,如土壤及黄瓜植株出现缺水现象,可选稳定的晴天上午,将两小垄间的地膜揭开,进行膜下浇小水,午后适当提前盖苫子,次日和以后几天加强通风排湿。但此期内切不可浇大水、浇明水。2月下旬气温回升,黄瓜需水量逐渐增大,可适当加大浇水量及浇水次数。为防止病害发生,可在浇水前喷药保护,浇水后加强通风排湿。

5. 二氧化碳施肥

采用碳酸氢加稀硫酸产生二氧化碳的方法。于棚内每50平方米设一个高30厘米、内径25厘米的塑料桶(或瓷缸),桶内加入 1/3 高的 1:3 稀硫酸。碳铵用量和方法:每平方米,苗期用 5.7 ~ 7.8 克,定植至坐果期 11.5 ~ 16.3 克,坐果至收获期 9.5 ~ 13.8 克,用纸包好于 9 ~ 10 时投到稀硫酸内。施用时,如果是晴天,棚温高于 18℃,植株又较健壮,可按用量上限施;少云或多云,棚温低于 18℃,植株较弱时,则按下限施;阴天、雨天或阴雪天气及棚温低于 15℃ 时一般不施。施时闭棚,施后 2 小时或棚内超过 26℃ 通风。

6. 植株调整

采用拉绳吊蔓,"S"形绑蔓,及时去掉卷须、雄花调整植株,后期及时打掉老黄叶,并进行落蔓。

四、黄瓜病害综合防治技术

黄瓜病害主要有霜霉病、灰霉病、蔓枯病、角斑病、枯萎病、疫病、白粉病、褐斑病、菌核病、黑星病、根结线虫病、花叶病毒病等。

(一)黄瓜霜霉病

1. 症状

黄瓜霜霉病主要为害叶片。在叶片背面出现水浸状病斑,病斑受叶脉限制,呈多角形,后为淡褐色,潮湿时叶背面病斑生长黑色霉层。病叶由中下部向上发展,严重时全株叶片干枯。

2.发病条件

病菌主要靠气流传播,叶片有水膜是发病的必要条件。一旦发病,蔓延很快。中温、高湿是黄瓜霜霉病发生的重要条件,发病适宜温度16～22℃,如果温度高于27℃,只能存活5～10天,棚温达45℃,维持2小时病菌即可死亡;棚内通风不良,或浇水过大,遇到阴雨雪天气,叶片结露多,有利于病菌侵入发病。

3.综合防治方法

(1)选用抗病品种。大棚黄瓜品种主要是新世纪、金世纪津优10号、津优20、山东密刺、长春密刺、津春3号、新泰密刺等,其中密刺系列品种均易感霜霉病。

(2)生态防治。温度、湿度、光照是黄瓜生育和发病的主要因素。黄瓜在白天25～30℃光合作用最旺盛,此时期棚室内湿度小,叶片干燥,病菌受到抑制不发病;下午至上半夜棚温降到20～16℃,这时光合产物由叶片向瓜条输送养分,此时是发病的最适宜温度,若棚内湿度大,有水滴形成,易发病;下半夜10～15℃为好,此时呼吸消耗小,不易发病。根据生态综合防治的温湿度的指标要求,上午温度25～30℃,湿度60～70℃。棚温30℃开始放风排湿,25℃开始闭棚保温;下午温度20～25℃,湿度60%左右;上半夜温度15～20℃,湿度低于85%;傍晚20℃及时盖帘保温,有利养分输送;下半夜温度12～15℃,最低10℃,湿度90%左右。注意浇水一定在晴天早晨进行,切不可阴雨天浇水,苗期少浇水,浇小水,盛瓜期适时浇水,浇水后立即闭棚升温,当棚温达33℃,1小时以上,通风排湿,当棚温降到25℃再闭棚,棚温升到30℃时放风散湿。

若霜霉病发生较重,可以进行高温闷棚,应先浇水,后闷棚,浇水后第二天中午棚温上升高达45℃时不要通风,使棚温维持40℃达2小时后慢慢放风,使棚温降到25℃时再闭棚。这样10天左右选晴天高温闷棚2～3次,可有效地控制病害发生。

(3)药剂防治。防治黄瓜霜霉病的药物较多,75%百菌清600倍液,70%代森锰锌500倍液,80%乙膦铝500倍液,25%瑞毒霉800倍液,58%瑞毒锰锌600倍液,72%克露600倍液,72.2%普立克600倍液,69%安克锰锌1 000倍液,每5～7天喷1次,连喷2～3次。以上药剂选用1种,再加入白糖和尿素(每15千克药液,加白糖100克,尿素50克)。如果遇到阴雨天气,棚内湿度大,不宜喷雾可以用20%百菌清烟雾剂,每100平方米用50克或用5%百菌清粉尘剂,每亩棚室用药1千克。

(二)黄瓜灰霉病

1.症状

黄瓜灰霉病主要为害花和幼瓜,病菌多从花和幼瓜蒂部侵入,先呈水浸状,软腐,表面密生灰褐色霉状物,烂去瓜头,烂花落在茎叶上造成烂茎、烂叶,并有灰色霉状物。

2.发病条件

低温、高温是黄瓜灰霉病发生的主要条件,特别是遇到阴雨雪天气,光照不足,棚内温度低(20℃左右),湿度大,多水滴,病害很快蔓延。

3.综合防治方法

(1)清除病残体。发病时及时摘除病花、病瓜、病叶、带出棚外埋掉,减少病源。

(2)生态防治。同于黄瓜霜霉病,可以兼治。

(3)药剂防治。50%速克灵1 500倍液,50%扑海因1 000倍液,75%百菌清600倍液,50%多菌灵500倍液,50%农利灵500倍液,65%甲霉灵1 000倍液,50%多霉灵1 000倍液,40%

特立克 800 倍液,40% 百可得 1 500 倍液,40%(嘧霉胺)施佳乐 1 000 倍液,每隔 5～7 天喷 1 次,连喷 2～3 次。若遇阴雨天,不宜喷雾,可改用 10% 速克灵烟雾剂,每 100 平方米 50 克,或 10% 灭克粉每亩 1 千克喷粉。

(三)黄瓜角斑病

1. 症状

黄瓜角斑病属细菌性病害,主要为害叶片,先是在叶片上出现水浸状的小病斑,病斑扩大因受叶脉限制而呈多角形,黄褐色,带油光,无黑霉层,病斑易破裂形成穿孔。有时可为害瓜条,腐烂有臭味。

2. 发病条件

病菌在种子内或随病残体存留土壤中越冬,低温、高湿是发病的重要条件,重茬地发病重。

3. 综合防治方法

(1)种子处理。用 55℃温水浸种 15 分钟。

(2)土壤处理。主要用于苗床,可用 50% 多菌灵(综合防治炭疽病、枯萎病等),加入和 50% DT(综合防治细菌性病),按每平方米 10 克用量,加适量细土拌匀,撒于畦面,划入土中,再播种育苗。

(3)药剂防治。50% DT500 倍液,农用链霉素 4 000 倍液,34% 绿乳铜 500 倍液,77% 可杀得 500 倍液。每 7 天喷 1 次,连喷 2～3 次。

(四)黄瓜蔓枯病

1. 症状

黄瓜的茎、瓜条都能被害,茎部受害病斑呈油浸状,白色,有时出现黄褐色黏胶物,严重时茎节变黑褐色,干缩腐烂,易折断,病斑常纵裂,干枯时变红褐色。由茎表面向内部发展,维管束不变色,这是与黄瓜枯萎病的区别。叶片受害后,多从叶边缘向内发展呈三角形大斑,黄褐色,易破裂,病斑上密生黑色小点,这是病菌的分生孢子器。瓜条受害,多在瓜条顶部出现水浸状,有白色黏胶物。

2. 发病条件

病菌可随种子或病残体进行传播,高温、高湿有利发病,植株生长势差,根系不发达,生长后期发病严重。

3. 综合防治方法

(1)消毒处理。用55℃温水浸种,杀死种子上的病菌。换茬时用848消毒液300倍液全棚消毒处理,杀死残存病菌。

(2)增施磷钾肥。增强植株抗病能力,注意通风降湿,抵制病害发生。

(3)药剂防治。可用75%百菌清600倍液,70%代森锰锌500倍液,50%多菌灵500倍液,50%托布津500倍液,40%百可得1 000倍液,每5～7天喷1次,连喷2～3次。也可用以上药剂涂茎综合防治。

(五)黄瓜根结线虫病

1. 症状

主要为害根部,根系发育不良,主根和侧根粗短形成大小不等的瘤状物,呈白色串状;被害植株上部生育不良,植株矮小,叶发黄,严重时干枯。

2. 发病条件

此病由线虫引起,虫体很小,肉眼难以看到,雌虫圆形,雄虫线状,幼虫在根内生活,刺激幼根膨大成瘤状。线虫靠病土、病苗、浇水传播,重茬地发病严重。根结线虫除寄生黄瓜外,还寄生番茄、茄子、西葫芦、芹菜、菜豆、甘蓝、白菜等。

3. 综合防治方法

(1)改茬。发病严重的地块,不要再种黄瓜、西葫芦、茄子、番茄、芹菜、菜豆等,可改种辣椒、韭菜、大葱或小麦、玉米等。

(2)清除病残体。不用病土、病苗、病水,防止传播。

(3)夏季高温土壤消毒处理。在夏季高温时在大棚内撒施麦秸草5厘米厚,再撒施过磷酸钙100千克左右,翻入地下,地面铺盖地膜,然后用塑料薄膜密闭大棚,使棚温高达70℃以上,土壤10厘米内温度达60℃左右,连续密封大棚15~20天。通过高温土壤处理,可以杀死土壤中的线虫及枯萎病等土传病害。

(4)药剂防治。主要是土壤消毒处理,播种前结合施肥耕翻,用米乐尔每亩2~3千克,均匀撒于地面,翻入土中。重病地块除土壤处理外,在定植时再用米乐尔穴施,每株2克,施于穴内,兼治地下害虫。

(六)黄瓜枯萎病

1. 症状

开花结果后陆续发病,最初表现为部分叶片或枝株的一侧叶片,中午萎蔫下垂,早晚恢复,后萎蔫叶片不断增多,致株枯无主萎茎部纵裂,维管束变褐。湿度大时,病部现出白色或粉红色霉状物。

2. 发病条件

空气相对湿度90%以上,温度在24~25℃,最高34℃,最低4℃。土温在5~30℃内,土温越高发病越重,秧苗老化、连作、有机肥不腐熟、土壤过分干旱、酸性土是引发该病的主要条件。

3. 综合防治方法

(1)选用抗病品种。

(2)选用无病新土,采用营养钵育苗。

(3)嫁接防病。

（4）施用充分腐熟肥料,减少伤口,起垄栽培,避免大水漫灌。提高土壤的透气性。

（5）药剂防治,做好种子消毒和苗床消毒工作。发病初期用10%观效灵200倍液,50%苯菌灵1 500倍液,70%甲基托布津500倍液,60%百灌通350倍液,20%甲基立枯磷1 000倍液灌根,每株0.3～0.5升,10天1次连喷2～3次。

第三节　茄子栽培技术

一、茄子在日光温室保护栽培条件下的多年生栽培

茄子是原产热带地区的喜温性作物,在满足温度等条件下,具有多年生长的习性,实践证明,在日光温室栽培条件下,可以一种多收,连续栽培2～3年,不仅节约成本,减少用工,而且可以获得高产高效的种植效果。一年两收亩收入可达2.5万元以上。

（一）栽培品种

茄子多年生栽培,应选择生长势旺盛,分枝性强,耐寒,抗病和商品性好的中晚熟品种。如福山牛腿茄、糙青茄、吉茄一号等品种或杂交种。

（二）栽培管理

多年生茄子的栽培管理技术,在第一季栽培中与常规日光温室茄子保护栽培相同,不同之处主要有以下几点:

1. 第一次修剪与剪后管理

冬暖式大棚越冬茬茄子,盛果期之后,随着夏季的到来,不仅结果减少,品质下降,而且经济效益也大幅度下降。因此,8月中下旬可进行第一次整枝修剪,修剪的方法是从对茄以上10厘米处,将侧枝全部剪掉,剪口距地面约30～35厘米,如气温过高,剪枝可适当拖后。剪后伤口用农用链霉素1克加80万单位

90

的青霉素 1 支,加 75% 的百菌清可湿性粉剂 30 克,加水 25～30 毫升,调成糊状,涂于剪口,防止感染。

剪枝结束后,结合起垅,每亩施复合肥 100～120 千克、饼肥 150 千克、起垄高 10 厘米,然后浇一次小水。剪枝后腋芽很快形成测枝,8～10 天开始定枝,每株按不同方向均匀选留 5～6 个侧枝。定枝后再过 7～8 天开始现蕾。有 50% 的植株见果后,要肥水齐攻,第一次追肥可亩施尿素 30～40 千克,以后每 8～10 天浇一水,隔一水追一次肥。保持地面保持湿润。寒露后开始上膜,转入越冬前的栽培管理。

2. 第二次修剪与管理

第一次剪枝后,"霜降"前后茄子即可大量上市,于大雪之前 5～6 天,可将茄果全部采收完。在"大雪"前后进行第二次剪枝。剪口较第一次修剪矮 5 厘米,剪后将剪口涂药。

剪枝后,在大行内开沟追施饼肥 200 千克,小行内要进行深中耕,但不要伤根和碰伤主干。大棚温度,白天控制在 25～28℃,夜间保持在 10℃ 以上。此期采取中耕保持地面松暄、保墒、升温保根,并注意防治病虫。

在来年"立春"之后,选晴天上午在小行内浇一次水,结合浇水亩追施尿素 30～40 千克。这时随着天气转暖,侧枝不断生长,每株选留 3～4 个枝条,第一花芽以下的侧枝全部去掉。以后转入正常管理。

以后的修剪可如同前两次修剪,周而复始。

（三）几个应注意的问题

（1）多年生茄子在栽培过程中,一定注意加强病虫害的防治,以保持植株的健壮生长,才能确保较高的密度。

（2）多年生茄子一般前两年效益好,第三年效益下降,主要是根系老化,枝干木质化程度高,发枝较弱,再是病株逐渐增加,密度减少（包括机械损伤）产量降低,因此,一般栽培两年为宜。

二、茄子病害综合防治技术

茄子病害主要有黄萎病、炭疽病、灰毒病、绵疫病、褐色圆星病、早疫病、拟黑斑病、青枯病等。

(一)茄子黄萎病

1. 症状

主要发生在成株期,先从底部叶片向上发展或从一边向全周发展,发病初期在叶缘及叶脉间变黄,病重时全叶变黄凋萎变褐枯死脱落。剖开根茎部,可见木质部维管束变褐色。

2. 发病条件

病菌随病残体在土壤中存活,一般在土中能存活 6~8 年,为土传病害。也可随种子带菌传播。病菌发育适温 19~24℃,最高 30℃,最低 5℃,在低温时进行定植,伤口愈合慢,利于病菌从伤口侵入。重茬地,浇水多,发病重。

3. 综合防治方法

(1)种子处理。用 55℃ 温水浸种 15 分钟,再放入 30℃ 温水中浸泡 12 小时,搓去黏液,在 30℃ 恒温催芽,每天用清水冲洗。

(2)土壤消毒处理。苗床可用 50% 多菌灵,按每平方米用药 10 克,加细干土拌匀,撒于畦面,划锄入土,再播种育苗。重茬地和重病地,也可用多菌灵(按以上用量和方法)土壤消毒处理。

(3)注意清洁。田园与非茄果类蔬菜轮作或采用嫁接方式栽培。

(4)药剂防治。发病初期用 50% 多菌灵 500 倍液,50% DT350 倍液,50% 苯菌灵 1 000 倍液,高锰酸钾 1 000 倍液,克菌 1 500 倍液,每株灌药液 0.5 千克。

（二）茄子炭疽病

1. 症状

主要为害果实。在果实上形成近圆形或椭圆形病斑，黑褐色，上生小黑点，严重时茄果腐烂。

2. 发病条件

病菌在病残体上存活，也可随种子传播，高温、高湿有利发病。

3. 综合防治方法

（1）清除病果。种子用55℃温水浸种15分钟，注意通风散湿，防止大水漫灌。

（2）药剂防治。可用50%多菌灵500倍液，80%炭疽福美500倍液喷雾。

（三）茄子灰霉病

1. 症状

茄子苗期、成株期均可发病。幼苗染病，子叶先枯死，后扩展到幼茎溢缩，折断枯死。成株染病，叶片发生水浸状大斑，近圆形黄褐色轮纹斑，有灰色霉层；果实染病，多从幼果蒂部发生水浸状褐色病斑，凹陷腐烂，密生灰色霉状物。

2. 发病条件

病菌随病残体或土壤中存活，气流传播，开花后侵染花朵，再侵入果实。低温（20℃左右）、高湿（水滴或露）有利发病，遇到阴雨雪天气，通风不良发病严重。

3. 综合防治方法

（1）及时摘除病叶、病花、病果，加强通风散湿。

（2）药剂防治。发病初期用50%速克灵1 000倍液，50%扑海因1 000倍液，50%多霉灵1 000倍液，40%百可得1 500倍液，40%施佳乐1 000倍液喷雾。阴雨天可用速克灵烟剂或速克灵粉尘剂。

(四)茄子绵疫病

1. 症状

幼苗和成株期均可发病。幼苗发病,茎部呈水渍状收缩,变褐,猝倒。后期主要为害果实,果实上出现水渍状圆斑,后扩大成褐色大斑,果实收缩,变软,果面上长出棉絮状白色霉层。

2. 发病条件

病菌随病残体在土壤中存活,通过浇水传播。发病适温 28~30℃,高温、高湿发病重。

3. 综合防治方法

(1)注意清除病残体。及时通风散湿,减轻病害发生。

(2)药剂综合防治。育苗和定植时可用乙膦铝锰锌,按每平方米用药 10 克,加细干土拌匀,撒于畦面,进行土壤消毒处理。发病初期,可用 70% 乙膦铝锰锌 500 倍液,58% 瑞毒锰锌 500 倍液,64% 杀毒矾 500 倍液,78% 科博 500 倍液,每 5~7 天喷 1 次,连喷 2~3 次。

(五)茄子青枯病

1. 症状

发病植株叶片萎垂,后期变褐干枯,剖开茎基部,木质部变褐色。严重时由茎基部发展到枝条,茎中髓部溃烂或中空,有时茎表皮溃烂,有臭味。

2. 发病条件

此病为细菌性病害。病菌在土壤中存活,随土壤和流水传播。病菌发育适温 30~37℃。高温、高湿有利发病。

3. 综合防治方法

(1)及时清除病残体,加强通风散湿,严防大水漫灌。

（2）药剂防治：可用 50% DT350 倍液,50% 丰护安 500 倍液,34% 绿乳铜 500 倍液,每株灌药液 0.5 千克,每隔 10 天灌 1 次,连灌 2～3 次。

第四节　小辣椒栽培技术

一、小辣椒高产优质综合栽培技术

1. 选用良种

目前,生产上所使用的辣椒品种较多,大部分都未经过审定,要注意选用经过提纯复壮的栎木三鹰椒、子弹头、七姊妹 - 1 等品种,避免栽植果大、辣度低的大果型朝天椒品种。

2. 培育壮苗

小辣椒苗期长势较弱,培育壮苗是小辣椒高产优质的基础,壮苗的标准是茎粗、节短、叶厚、色深、根系发达。

（1）苗床制备。多采用小拱棚育苗,苗床应选择背风向阳、土壤肥沃、有水浇条件的生茬地。一般栽植的每亩大田应备 8 平方米苗床畦,畦宽 1 米、长 8 米,以划块育苗方式为主,每畦苗床施 150 千克腐熟厩肥、0.5 千克尿素、1 千克过磷酸钙、0.1 千克磷酸二氢钾,肥土要拌匀打碎。一般苗床高出地面 20 厘米,苗床四周开宽深各 20 厘米的沟,以利排水。播种前要浇足底水,并用 50% 多菌灵 800 倍液喷洒消毒,防止苗期病害。

（2）播种。因苗龄和栽植时间而定。苗龄以 60 天左右为宜。在河南省最佳育苗时间是平原区为 2 月中下旬,山区 3 月上中旬。每畦播种量 150 克。播前将种子置于竹席或麻袋上晒 2～3 天,再用 10% 磷酸三钠或用 0.2% 的高锰酸钾溶液浸 20 分钟,捞出用清水洗净放入 55～60℃ 的热水中浸 10～15 分钟,再放入 30℃ 左右的温水中浸 12 小时左右,然后在 25～30℃ 条件

95

下保湿催芽,经 5~6 天 70% 种子发芽时即可播种。种子均匀点播在育苗床面上,然后用细筛筛细土 0.5 厘米厚覆盖,而后用竹批或树条扎拱,拱顶距床面 50 厘米,最后覆盖白色塑料薄膜,膜的四周用泥土封严保温。

(3)苗床管理。前期主要是防止破膜,增加光照,保证床温;中期可在中午揭开拱棚两端薄膜通风散热,降低棚内温湿度;后期加大通风量,直至夜覆昼揭、阴覆晴揭。若椒苗缺肥,可适量喷洒肥水。幼苗 2 片真叶时疏苗,3~4 片真叶时定苗,每 3.3 厘米×3.3 厘米留 1 棵苗,结合间定苗拔除床内杂草,并用 50% 多菌灵 800 倍液喷洒防病,移栽前 7~10 天揭膜、控水和通风炼苗(又称蹲苗)。

3. 整地、施肥和移栽

(1)整地。小辣椒不能种植在低洼水浸地,不宜重茬,一般应在冬季深翻 20 厘米以上冻垡,开春顶凌耙地保墒,结合施基肥在栽前进行浅翻、细耙洇墒,并按 1.6 米整成高畦,沟底宽 10 厘米,深 15~20 厘米,畦面平整、土碎,无暗垡。

(2)施肥。施肥尽量以农家肥为主,化肥为辅;以基肥为主,追肥为辅;增施磷、钾肥。肥力较好的上等地,一般亩施腐熟农家肥 2 000 千克,碳铵 40 千克,过磷酸钙 40 千克,硫酸钾 10 千克或 45% 复合肥 25 千克与锌、硼肥各 0.5 千克混匀,80% 作基肥,20% 作移栽窝肥;或使用小辣椒专用肥 50~80 千克,中等肥力和薄地,可在上述施肥基础上适当增加 10%~30% 的施肥量。

(3)覆膜。一般选用幅宽 70 厘米的地膜,每畦盖 2 幅,每幅上面栽椒 2 行,地膜边缘和接口处用碎土压实。

(4)移栽。总的原则是肥地宜稀,薄地宜密,宜深不宜浅。一般于 4 月中下旬移栽。实行宽窄行栽培,宽行 50 厘米,窄行 30 厘米,株距 33 厘米,每亩栽椒 4 000~5 000 穴。移栽时用鸡蛋粗带柄尖头的木棍在地膜上打孔或用镢头挖穴,穴深 6~7 厘米,浇足水、封实土,封土时注意把地膜移栽孔封严;也可先栽后覆膜,再掏苗。为提高椒苗成活率,可在栽苗水中加入磷酸二氢钾,每亩1.5千克。或专用提苗肥。如有小地老虎发生,可用毒饵诱杀。

4. 大田管理

(1)查苗补栽。幼苗栽植后5~10天内,要加强检查,发现死苗缺株,要及时挖大苗补栽。

(2)中耕培土。根据先浅中深后封根的原则加强中耕(盖膜椒田不需中耕)。缓苗后半个月浅中耕1次,一般中耕2~3次,清除杂草,破除板结,最后1次(初花前)结合追肥进行封根培土。杂草较多时,每亩用盖草能30毫升喷洒防除。

(3)追肥。每亩追施尿素5千克、磷酸二氢钾3千克或45%的复合肥10千克。

(4)病虫害防治。小辣椒和其他辣椒一样,主要病害有疫病、炭疽病、软腐病和病毒病。防治疫病可在发病初期喷施85%乙膦铝可湿性粉剂500倍液或25%甲霜灵可湿性粉剂800~1 000倍液或75%百菌清可湿性粉剂600倍液;防治炭疽病可喷施79%甲基托布津500倍液、70%代森锰锌800倍液或50%多菌灵600倍液;防治软腐病可喷施72%农用链霉素可湿性粉剂200单位;病毒病近年来呈重发趋势,可从苗期防虫防病开始,可喷施2%菌克毒克水剂200倍液或18%抑毒星可湿性粉剂每亩150克或嘧呔霉素600倍液或24%毒消水乳剂600倍液。主要虫害有蚜虫、棉铃虫,防治蚜虫可用10%吡虫啉1 000倍液或50%抗蚜威3 000倍液;防治棉铃虫可用90%万灵可湿性粉剂3 000倍液或2.5%功夫乳油2 000倍液,注意交替用药,以免产生抗性。

5. 采收和晾晒

(1)采收。采取3~4次的分次采摘的办法。一般在椒角长红后,再等 7 天采收净角,以防晒干后形成花壳。

(2)晾晒。从田间摘回的小辣椒应及时搭架摊开放在通风遮阴处,待角果晾到半干后,移到阳光下晒至全干。注意刚收的角果不要直接放在水泥地上暴晒。遇雨可进行小火炕或炕房内烘干,注意温度先低后高,不能超过 50℃,以防止颜色变暗。

(3)分级。把晒干后的小辣椒,按外观形状、色泽、大小进行分离,然后装袋待售。

(4)后期采收。生长后期若临近霜降或腾地种麦,可在大田喷洒 800 倍乙烯利催红;也可拔棵后,置于通风处晾晒,叶片干落后,堆成根向内,角向外的小垛,自然风干,然后采收净角。

二、小辣椒落花、落果的原因及防治措施

随着农业结构的调整,河南省一些地区小辣椒生产规模目前已发展到数万亩,主要栽培品种有"栃木三樱椒"、"天鹰椒"和"子弹头"等。然而,落花落果现象已成为小辣椒生产上的一个重要问题,对产量影响很大。据调查统计,一般落花率在 20% ~40%,落果率在 5% ~10%。因此,分析小辣椒落花落果产生的原因,提出防治措施对指导椒农生产非常必要。

1. 引起的原因

(1)生理上的原因

①营养生长和生植生长并存:营养生长和生殖生长争夺养分,尤其在枝叶徒长的条件下,营养生长和生殖生长失去平衡而导致落花落果。

②开花结果时植株消耗大量养分:特别是盛花期,开花数目增加。养分消耗过多,致使花朵养分供应不足,造成落花。

(2)不良的外界环境条件影响

①气温过高或过低:使小辣椒的花朵发育不良而脱落。因花粉萌发最适温度为 20 ~26℃,最适宜的土壤温度为 17 ~22℃,高于或低天这一指标,都会影响花粉萌发或植株生理活性

而引起落花落果。另外,高温常伴有强光,使植株在强光下引起光呼吸,甚至受到灼伤,使盛夏季节落花落果严重。

②低温多雨寡照:或大水漫灌造成土壤渍水或高温干旱使花粉发育不良。同时,也是产生病害的诱因,造成落花落果。土壤渍水,导致根系缺氧,发育受阻,时间过长导致根系腐烂、吸水吸肥能力减弱。土壤过于干旱,加之地上部高温蒸发量增大,影响植株对肥水的吸收和运转,造成植株生理失调而落花落果。

③施肥过多或不足造成落花落果:小辣椒对氮、磷、钾的需肥比例为1∶0.5∶1,若施氮过多,会导致植株徒长,甚至诱发多种病害;若施肥不足,植株生长不良,降低对开花坐果的养分供应。

(3)病虫害的影响

小辣椒常见的病害有病毒病、疫病、炭疽病、日灼病等。近年来,小辣椒发病较重的有两大病害,即病毒病和疫病。特别是病毒病发病普遍,且蔓延迅速,究其原因是高温、干旱和重茬造成。虫害有蚜虫、红蜘蛛、螨虫、棉铃虫、烟青虫等。它们有的直接侵害或为害花果,使之脱落,有的侵害或为害植株的根茎叶等营养器官,使植株生理活性降低或造成植株死亡,间接引起落花落果,严重地影响了小辣椒的产量。

2. 防止措施

(1)培养壮苗。壮苗是开花结果的基础,同时壮苗有较强的抗病性,因此,防止落花落果应从苗期开始,加强苗床管理,一是配制优质营养土,营养土要疏松肥沃;二是有充足的育苗面积;三是加强地温管理,适温为 15～20℃,防止"沤根";四是争取光照时间。

(2)合理施肥、浇水

①施肥:根据小辣椒需肥总量较大特点,注意氮、磷、钾合理配比,掌握轻施苗肥,稳施花蕾肥,重施盛果肥,早施后劲肥原则。一般每亩施有机肥 5 000 千克,复合肥 50 千克,尿素 10 千

克,磷肥 50 千克,钾肥 25 千克。在精细整地,施足基肥的基础上及时追肥,追肥应以人粪尿为主,若追施氮肥,要搭配磷、钾肥。另外,在花期注意喷施硼肥和钙肥等,追肥次数应根据长势而定。在定植成活后,结合浇水,冲施一次稀薄且腐熟过的人粪尿或沼渣、沼液。开花盛期不宜多施氮肥,以免徒长;结果期应及时追肥浇水,以人粪尿或沼渣、沼液为主。

②浇水:小辣椒根系较浅,对土壤水分的吸收能力较差,而地上部果实发育与叶片蒸腾需水量却较大,且根系不耐水淹,若水分过大易引起旺长,若偏旱果实坠秧。定植后浇一次水,始果期浇水要"见干见湿",盛果期早晚小水勤浇。

(3)及时排涝,避免根系缺氧"沤根"。

(4)喷施激素

为防止温度过低或过高引起落花,可用 0.002 5% ~ 0.003%的对氯苯氧乙酸(PCPA),在花期喷花,效果很好。

三、辣椒病害综合防治技术

辣椒病害主要有病毒病、疫病、炭疽病、灰霉病、菌核病、褐斑病、青枯病、叶斑病、疮痂病等。

(一)辣椒病毒病

1.症状

辣椒病毒病主要有 3 种类型,一是花叶型,多发生在苗期和初花幼果前,植株顶部时片呈明显黄绿相间的花叶,有的叶面皱缩,明显的褐绿斑驳;二是坏死型,病株顶部叶片基部或沿主脉变褐坏死;有的幼花柄部变褐坏死,引起落叶、落花、落果,顶部形成光秆;三是条斑型,主要发生后期果实上,多是从果尖至上半部出现褐色条斑,凹陷,果实变黄,菜农统称为"黄尖子"。

2.发病条件

辣椒病毒病主要是蚜虫和接触传播,种子也能带毒传播,高温、干旱、重茬连作发病重,一般尖椒比圆椒发病轻。

3. 综合防治方法

(1)种子消毒处理。用10%磷酸三钠溶液浸种30分钟,洗净催芽播种。

(2)全棚消毒处理。前茬收后,定植前后用5%菌毒清300倍液加治蚜药剂混合喷洒,消灭残存的病菌和蚜虫。

(3)药剂防治。苗期防治花叶病毒病,可用5%菌毒清300倍液,1.5%植病灵500倍液,硫酸锌500倍液,绿芬威1号600倍液或抗病毒疫苗,中后期综合防治坏死型和条斑型病毒病,可用5%菌毒清300倍液,20%病毒A500倍液,磷酸三钠500倍液,再加入5%丰护安500倍液或50%可杀得500倍液,或34%绿乳铜或2%菌克毒克200～400倍液等。此外,结合喷施磷、钾和微肥,增强抗病能力。

(二)辣椒疫病

1. 症状

辣椒苗期即可发病,茎基部呈暗绿色水渍状软腐或猝倒,即苗期猝倒病。成株期主要为害茎部为水浸状,后环绕表皮变黑褐色,病部明显溢缩,造成整株凋萎枯死,成毁灭性病害。后期也为害果实,呈暗绿色水浸状,软腐。

2. 发病条件

主要是病残体在土壤中带菌传染,随浇水传播。高温、高湿有利发病,一般浇水后土壤湿度大,发病迅速,种植过密,连年重茬发病重。

3. 综合防治方法

(1)注意通风散湿。选晴天浇小水,严防大水漫灌,适当密植,避免连作,可与瓜类、豆类轮作。

(2)药剂防治。一是苗床土壤消毒处理,可用乙膦铝锰锌,按每平方米用药10克,加10倍的细干土拌匀,均匀撒于苗床畦面,楼平播种。二是重病地用乙膦铝锰锌,按每平方米用药 10 克,加 10 倍的细干土拌匀,撒于全棚地面,耕翻入土。三是定植时,用乙膦铝锰锌,每亩 1 ~ 2 千克,加 20 ~ 30 千克细干土拌匀,撒于沟内或穴内。四是成株期发现病株,可用乙膦铝锰锌 500 倍液,或瑞毒锰锌 500 倍液进行灌根,每株灌药液 0.5 千克,每 10 天左右灌 1 次,连灌 2 ~ 3 次。

(三)辣椒灰霉病

1. 症状

主要是花器染病,幼苗发病严重,在花和果上出现水浸状软腐,后生出灰色霉状物。病菌散落到叶片和茎秆上造成烂叶,烂茎,也长有灰色霉层。

2. 发病条件

病菌随病残体在土壤中越冬,随气流传播。低温、高湿有利发病,春季阴雨多、气温低,造成病害流行。种植过密,通风不良,光照不足发病重。

3. 综合防治方法

(1)加强通风散湿。选晴天浇水,避免棚内结露。

(2)及时摘除病花、病果、病叶。带出棚外烧毁。

(3)药剂防治。可用 50% 速克灵 1 000 倍液,50% 扑海因 800 倍液,50% 多菌灵 500 倍液,65% 甲霉灵 1 000 倍液,50% 多霉灵 1 000 倍液,40% 特立克 800 倍液,40% 百可得 1 500 倍液,40% 施佳乐 1 000 倍液,每 5 ~ 7 天喷 1 次,连喷 2 ~ 3 次。在阴雨天可用百菌清烟剂或速克灵烟剂,每亩次 350 克或 10% 灭克粉每亩次 1 千克。

(四)辣椒细菌性病害

辣椒细菌性病害较多,主要有辣椒疮痂病、辣椒软腐病、辣椒叶斑病、辣椒青枯病等。

1. 症状

(1)辣椒疮痂病。成株期在叶片背面出现水浸状黄绿色斑点隆起,表面粗糙,呈疮痂状。果实被害出现暗褐色隆起的小斑点,呈长圆或圆形疮痂状,稍隆起,后期木栓化。

(2)辣椒软腐病。主要为害果实,病果出现水浸状暗绿色斑,后变褐软病,有臭味,内部果肉腐烂,果皮变白。

(3)辣椒叶斑病。主要为害叶片,成株叶片发病,初为水浸状黄绿色小斑点,后扩大渐变为褐色或铁锈色病斑,膜质,大小不等。干燥时,病斑多呈红褐色。

(4)辣椒青枯病。主要为害根部,地上部枝叶表现萎蔫,后期叶片干枯,整株死亡;地下部外表不明显,剖见维管束变为褐色。

2. 发病条件

以上症状均为细菌所致。病菌随病残体在土壤中存活,通过流水传播,由伤口侵入。高温、高湿发病重,阴雨天或浇水后发病重。

3. 综合防治方法

(1)清除病残体。避免重茬连作,起成栽培,合理密植,切忌大水漫灌,加强通风散湿。

(2)药剂防治。辣椒疮痂病、软腐病、叶斑病可用50% DT500 倍液、农用链霉素或新植毒素 4 000 倍液,50% 丰护安 500 倍液,34% 绿乳铜 500 倍液,27% 铜高尚 400 倍液,77% 可杀得 500 倍液,78% 科博 500 倍液,每 5~7 天喷 1 次,连喷 2~3 次。辣椒青枯病发生在根部,可用以上药剂进行灌根,每株灌药液 0.5 千克,每 10~15 天灌 1 次,连灌 2 次。严重地块,在育苗,定植时可用以上药剂土壤消毒处理。

(五)辣椒褐斑病

1. 症状

主要发生在叶片上,呈圆形或近圆形灰褐色病斑,斑中央有一灰白色小点,四周黑褐色,形似鸟眼。

2.发病条件

病菌在种子或病残体上存活,高温、高湿有利发病。

3.防治方法

(1)注意清除病残体,加强通风排湿,减轻病害。

(2)药剂防治,可用75%百菌清600倍液,50%多菌灵或托布津500倍液,50%百菌通500倍液,77%可杀得500倍液。每7天左右1次,连喷2~3次。

第五节 西葫芦栽培技术

一、温室大棚无公害西葫芦早春或越冬栽培技术

(一)品种选择

宜选择早熟、短蔓类型的品种,如早青一代、中葫三号、皮托4094、法国冬玉、阿多尼斯9805等。

(二)育苗

1.苗床准备

在大棚内建造苗床,苗床为平畦,宽1.2米、深10厘米。育苗用营养土可用肥沃大田土6份,腐熟圈肥4份,混合过筛。每立方米营养土腐熟捣细的鸡粪15千克、过磷酸钙2千克、草木灰10千克(或氮、磷、钾复合肥3千克)、50%多菌灵可湿性粉剂80克。充分混合均匀。将配制好的营养土装入营养钵或纸袋中。装土后营养钵密排在苗床上。

2.播种期

温室越冬茬西葫芦播种期为10月上中旬。大棚早春栽培播种期为1月中下旬。

3. 种子处理

每亩需种子 400～500 克。播种前将西葫芦种子在阳光下暴晒几小时并精选。在容器中放入 55～60℃的温水,将种子投入水中后不断搅拌 15 分钟,待水温降到 30℃时停止搅拌,浸泡 3～4 小时。浸种后将种子从水中取出,摊开,晾 10 分钟,再用洁净湿布包好,置于 28～30℃下催芽,经 1～2 天可出芽。

4. 播种

70% 以上种子"露白"时即可播种。播种时先在营养钵(或苗床)灌透水,水渗下后,每个营养钵中播 1～2 粒种子。播完后覆土 1.5～2.0 厘米厚。再在覆土上喷洒 50% 辛硫磷乳油 800 倍液,防治地下害虫。

5. 苗床管理

播种后,床面盖好地膜,并扣小拱棚。出土前苗床气温,白天 28～30℃,夜间 16～20℃,促进出苗。幼苗出土时,及时揭去床面地膜,防止徒长。出土后第一片真叶展开,苗床白天气温 20～25℃,夜间 10～15℃,第一片真叶形成后,白天保持 22～26℃,夜间 13～16℃。苗期干旱可浇小水,一般不追肥,但在叶发黄时可进行叶面追肥。定植前 5 天,逐渐加大通风量,白天 20℃左右,夜间 10℃左右,降温炼苗。

(三)定植

1. 整地、施肥、做垄

每亩施用腐熟的优质圈肥 5～6 千克、鸡粪 2 000～3 000 千克、磷酸二铵 50 千克,还可增施饼肥,每亩 150 千克。将肥料均匀撒于地面,深翻 30 厘米,耙平地面。施肥后,温室越冬栽培于 9 月下旬至 10 月上旬,早春大棚于 2 月上旬扣好塑料薄膜暖地备栽。定植前 15～20 天,用 45% 百菌清烟剂每亩约 1 千克熏烟,严密封闭大棚进行高温闷棚消毒 10 天左右。起垄种植,种植方式有两种:一种方式是大小行种植,大行 80 厘米,小行 50

厘米,株距45～50厘米,每亩2 000～2 300株;另一种方式是等行距种植,行距60厘米,株距50厘米,每亩栽植2 200株。按种植行距起垄,垄高15～20厘米。

2. 定植

仔细从苗床起苗,在垄中间按株距要求开沟或开穴,先放苗并埋入少量土固定根系,然后浇水,水渗下后覆土压实。栽植深度不要太深。定植后及时覆盖地膜,栽培垄及垄沟全部用地膜覆盖。

(四)定植后管理

1. 温度调控

缓苗阶段不通风,密闭以提高温度,促使早生根,早缓苗。白天棚温应保持25～30℃,夜间18～20℃,晴天中午棚温超过30℃时,可利用顶窗少量通风。缓苗后白天棚温控制在20～25℃,夜间12～15℃,促进植株根系发育,有利于雌花分化和早坐瓜。坐瓜后,白天提高温度至22～26℃,夜间15～18℃,最低不低于10℃,加大昼夜温差,有利于营养积累和瓜的膨大。

2. 植株调整

(1)吊蔓。对半蔓性品种,在植株有8片叶以上时要进行吊蔓与绑蔓。田间植株的生长往往高矮不一,要进行整蔓,扶弱抑强,使植株高矮一致,互不遮光。吊蔓、绑蔓时还要随时摘除主蔓上形成的侧芽。

(2)落蔓。瓜蔓高度较高时,随着下部果实的采收要及时落蔓,使植株及叶片分布均匀。落蔓时要摘除下部的老叶、黄叶。去除老黄叶时,伤口要离主蔓远一些,防止病菌从伤口处侵染。

(3)保果。冬春季节气温低,传粉昆虫少,西葫芦无单性结实习性,常因授粉不良而造成落花或化瓜。因此,必须进行人工授粉或用防落素等激素处理才能保证坐瓜。方法是在 9 ~10 时,摘取当日开放的雄花,去掉花冠,在雌花柱头上轻轻涂抹,还可用 30~40 毫克/千克的防落素等溶液涂抹初开雌花花柄。

3. 肥水管理

定植后根据墒情浇一次缓苗水,促进缓苗。缓苗后到根瓜坐住前要控制浇水。当根瓜长达 10 厘米左右时浇 1 次水,并随水每亩追施磷酸二铵 20 千克或氮、磷、钾复合肥 25 千克。深冬期间,约 15~20 天浇 1 次水,浇水量不宜过大,并采取膜下浇暗水。每浇两次水可追肥一次,随水每亩冲施氮、磷、钾复合肥 10~15 千克,要选择晴天上午浇水,避免在阴雨雪天前浇水。浇水后在棚温上升到 28℃时,开通风口排湿。如遇阴雨雪天或棚内湿度较大时,可用粉尘剂或烟雾剂防治病害。2 月中下旬以后,间隔 10~12 天浇 1 次水,每次随水每亩追施氮、磷、钾复合肥 15 千克或腐熟人粪尿、鸡粪 300 千克。植株生长后期叶面可喷洒光合微肥、叶面宝等。

4. CO_2 施肥

冬春季节因温度低,通风少,若有机肥施用不足,易发生二氧化碳亏缺,可进行二氧化碳施肥,以满足光合作用的需要;常用碳酸氢铵加硫酸反应法,碳酸氢铵的用量,深冬季节每平方米 3~5 克,2 月中下旬后每平方米 5~7 克,使室内二氧化碳的浓度达到 1 000 毫克/千克左右。

5. 采收

西葫芦以食用嫩瓜为主,开花后 10~12 天,根瓜达到 250 克采收,采收过晚会影响第二瓜的生长,有时还会造成化瓜。长势旺的植株适当多留瓜、留大瓜,徒长的植株适当晚采瓜;长势弱的植株应少留瓜、早采瓜。采摘进要注意不要损伤主蔓,瓜柄尽量留在主蔓上。

二、大棚西葫芦秋延迟栽培技术

（一）选用优良品种

秋季延迟栽培的西葫芦宜选用早熟、抗病、耐湿、耐阴并耐低温性较强的丰产品种，如美国 4094、法国冬玉、阿多尼斯9805 等

（二）适期播种、嫁接、培育壮苗

1. 播种期秋延迟

西葫芦一般 8 月底至 9 月初播种。由于秋延迟栽培温度渐低，光照差，易早衰，宜采用嫁接法栽培。一般采用靠接法，西葫芦播种 2～3 天后，再播种黑籽南瓜。

2. 浸种催芽

南瓜种、西葫芦种的浸种催芽方法相同。先用清水漂去成熟度较差的种子，再把种子倒入 55℃的水中，不断搅拌，当水温降至 30℃时，再浸泡 4～6 小时，用清水冲洗干净，沥去明水，用纱布包好，放在 25～30℃环境中催芽。

3. 苗床准备

8 月底阴雨天多，苗床应选择地势高、能浇能排、疏松、肥沃的土壤。近年来未种过瓜类蔬菜的地块，提前 10 天施入熟化鸡粪，每平方米苗床 10 千克，并用多菌灵（按说明用药）进行土壤灭菌，翻整好后，做成 1.2 米宽的畦子。

4. 播种

按 5～8 厘米株行距播西葫芦种子，覆土 3 厘米，3 天后用同样方法播黑籽南瓜种子。播后为防止畦面干燥及雨水冲淋而影响出苗，插小拱棚覆盖薄膜，但温度要控制在 25～28℃，高于28℃要及时放风，待 70%出苗后，可以撤去薄膜，防止徒长。

5. 嫁接与管理

西葫芦第一片子叶微展为嫁接适期。采用靠接法：挖出砧

木苗子,剔除砧木生长点,在砧木子叶下 0.5~1 厘米处用刀片做 45°角向下削一刀,深达胚轴的 2/5~1/2 处,长约 1 厘米。然后取接穗(西葫芦)在子叶下 1.5 厘米处,用刀片作 45°角向上削切,深达胚轴的 1/2~2/3,长度与砧木相等,将砧木和接穗的接口相吻合,夹上嫁接夹,栽到做好的苗床上,边栽边浇水,并同时插拱棚覆膜,盖上草帘,遮阳 3~4 天,逐渐撤去草帘,10 天后切断西葫芦接口下的胚根,伤口愈合后,加大通风量炼苗,苗子 3 叶 1 心到 4 叶 1 心为定植适期。

(三)定植

1. 施肥、整地、做畦

选择近年来未种过瓜类蔬菜,土壤肥沃疏松的地块,建造大棚,每亩施入腐熟鸡粪 4 000~5 000 千克,磷酸二氢铵 25 千克,N、P、K 复合肥 15 千克,尿素 15 千克,深翻 15 厘米,耙碎,做成高 15~20 厘米,宽 70 厘米的垅,垄顶中间做 8~12 厘米深的浇水沟。

2. 定植

暗水定植,每垄双行,株距 50 厘米,每亩栽植 2 200 株。

(四)管理

1. 温度管理

定植后温度维持在 25~30℃,以利缓苗,超过 30℃时及时放风,缓苗后温度控制在 20~25℃,防止秧苗徒长。随着外界温度逐渐降低,气温在 12~15℃时,夜间要加盖草帘,但要早揭晚盖延长光照时间,第一雌花开放前,温度 22~25℃,根瓜坐住后,温度 22~28℃,促进果实生长发育。中后期往往有寒流并伴随雨雪,要注意保温,温度不低于 8℃,不透明覆盖物要早揭早盖,并减少通风。

2. 水分管理

定植缓苗浇一次缓苗水,第一雌花开放结果前控制浇水;如果十分干旱,可浇跑马水,防止秧苗疯长。第一瓜坐住后可浇大水。前期要及时通风排湿,中后期虽然气温低,晴天中午也要放风排湿。

3. 肥料

定植缓苗后,根据苗子长相施一次肥,亩施 10~15 千克磷酸二氢铵,根瓜采收后,如缺肥,可结合浇水施磷酸二氢铵 10 千克。中后期浇水会增加棚内湿度,造成病害流行,可选晴天中午,隔 5~7 天喷 0.2% 磷酸二氢钾和 0.2% 尿素混合液 2~3 次。通风量减少的时候,可揭去不透明覆盖物,进行 CO_2 施肥。

三、西葫芦病害综合防治技术

西葫芦病害主要有白粉病、褐斑病、灰霉病、绵腐病、花叶病毒病等。

(一)西葫芦白粉病

1. 症状

主要发生在叶片上,苗期和成株期均可发病,叶面上初现白色近圆形白粉病斑,后连片整叶布满白粉。

2. 发病条件

病菌在病残体上存活,靠气流传播。高温、高湿发病严重。

3. 综合防治方法

(1)注意通风散湿,防止结露。

(2)药剂防治:可用 20% 粉锈宁乳油 2 000 倍液,50% 多硫悬浮剂 400 倍液,50% 硫磺悬浮剂 200 倍液,每 5~7 天喷 1 次,连喷 2~3 次。

(二)西葫芦灰霉病

1. 症状

主要为害花和果实。花和幼果的蒂部初为水浸状,软腐,密生灰色霉状物。

2. 发病条件

病菌随病残体存活,也可以菌核体在土壤中越冬。低温、高湿是发病的重要条件。

3. 综合防治方法

发病初期用 50% 速克灵 1 500 倍液,50% 扑海因 1 000 倍液,50% 农利灵 500 倍液,65% 甲霉灵 1 000 倍液,50% 多霉灵 1 000 倍液,40% 特立克 800 倍液,40% 百可得 1 500 倍液,40% 施佳乐 1 000 倍液,每 5~7 天喷 1 次,连喷 2~3 次。阴雨天可用 20% 速克灵烟剂或 10% 速克灵粉尘剂。结合 2,4 - D 沾花加入 0.4% 用量的速克灵或多霉灵,既防落又防病。

(三)西葫芦绵腐病

1. 症状

主要为害果实,在果实初为椭圆形水浸状暗绿色病斑,稍凹陷,皮下果肉变褐腐烂,表面生白色霉层。有时也为害茎叶,在叶柄及茎部初生水浸状暗绿色病斑,潮湿时软腐似开水烫过。

2. 发病条件

病菌在土壤中越冬,随流水传播。土壤低温、高湿有利发病。

3. 综合防治方法

(1)土壤处理。用乙膦铝锰锌,按每平方米用药 10 克,加适量细干土拌匀,撒于苗床或定植穴内。

(2)药剂防治。可用 70% 代森锰锌 500 倍液,80% 乙膦铝 500 倍液,58% 瑞毒锰锌 500 倍液石 0% 瑞毒辣铜 500 倍液,50% DT500 倍液,80% 喷克 500 倍液,78% 科博 500 倍液,7~10 天喷 1 次,连喷 2~3 次。

(四)西葫芦褐斑病

1.症状

主要发生在叶片上,自下而上发病,病斑圆形,中间黄白色,边缘黄褐色。叶面病斑稍隆起,表面粗糙,叶背面水渍状,有褪绿晕圈。

2.发病条件

病菌在种子上或病残体上存活,随气流和浇水传播。高温、高湿造成病害流行。

3.综合防治方法

(1)种子消毒处理。用55℃温水浸种15分钟,加强通风散湿。

(2)药剂防治。50%多菌灵500倍液,50%甲基托布津500倍液,75%百菌清600倍液,50%扑海因1 000倍液,50%倍得禾500倍液,每7天喷1次,连喷2~3次,阴雨天可用40%百菌清烟剂或5%百菌清粉尘剂。

(五)西葫芦花叶病毒病

1.症状

顶部叶片出现深绿色疱斑,有的叶片畸形呈鸡爪状,瓜的表面出现瘤状物。

2.发病条件

此病为病毒病,由蚜虫传播,种子和人工操作接触传播,高温、干旱、日照强、缺肥发病重。

3.综合防治方法

(1)全棚消毒处理。前茬收后,播种以前用5%菌毒清300倍液,再加磷酸三钠500倍液,全棚喷洒。

(2)及时防治蚜虫。治蚜可防病。

(3)药剂防治。发病初期用5%菌毒清300倍液,1.5%植

病灵 500 倍液, 抗毒剂 1 号 300 倍液, 绿芬威 1 号 600 倍液, 每
10 天喷 1 次, 连喷 2~3 次。

第六节　保护地芹菜栽培技术

一、秋冬保护地芹菜高产高效栽培技术

(一) 品种选择

西芹品种宜选用植株较大, 叶柄肥厚, 生长势强, 搞逆性强,
纤维少, 品质佳的品种, 如文图拉、意大利冬芹、FS 西芹 3 号、胜
利西芹等。本芹为我国栽培类型, 植株稍小, 叶柄细长, 但香味
浓厚, 宜选用津南实芹、白庙芹菜、潍坊青苗芹菜等。

(二) 育苗

各地应根据芹菜供市时间及下茬安排情况来安排育苗时
间。一般情况下, 西芹 6 月上中旬到 7 月上旬, 本芹 6 月下旬到
7 月下旬播种育苗。8 月下旬到 9 月下旬定植, 西芹苗龄 65 ~
75 天, 本芹 55 ~ 65 天。秋冬茬芹菜育苗期正值高温多雨季节,
不利于种子萌发及幼苗生长, 如果管理措施不当, 则会出现出苗
困难、出苗率低、苗期长、秧苗质量差等现象。苗期管理的关键
是创造冷凉潮湿的环境条件, 防止干旱、水淹、徒长、死苗等, 具
体做法为:

(1) 低温处理。解除种子休眠。芹菜喜冷凉, 气温若高于
25℃, 种子就难以发芽, 在 15 ~ 20℃ 下才可顺利萌芽, 因此, 夏
季播种一定对种子进行低温处理。把种子浸泡 12 小时后, 置于
10℃ 的冰箱中进行低温处理 7 ~ 8 天解除休眠后再播种。

(2) 畦面遮阳播种。选地势较高、排灌条件好的沙壤土做
苗床, 苗床长约 10 米, 宽 1.2 ~ 1.5 米。将腐熟的有机肥过筛
后, 均匀撒施到畦面, 翻入土内, 使粪土混合均匀, 然后整平床

面,浇透水,将处理好的种子和细沙混匀,均匀撒播在床面,然后覆过筛细土 2～3 毫米厚。栽一亩芹菜需优质种子 50～80 克,苗床 30～50 平方米。播种后在苗床上用竹竿等物搭架,架上放些树枝或遮阳网遮阳,防止强光暴晒和暴雨冲打,以利出苗,并能防止幼苗徒长。

(3)浇好苗床水。播种后苗床表土要始终保持湿润。7～8 天种子顶土时,轻洒 1 次水,使幼苗顺利出土,8～10 天即可齐苗。幼苗 2～3 叶时再浇 1 次小水,苗期水分不可过多,以防幼苗徒长和猝倒病发生。

(4)施好壮苗肥,及时防除杂草。幼苗 3～4 片叶时随水追施 1 次速效性氮肥,以后视情况施肥。夏季高温要注意叶面喷施钙肥,防止心腐发生。芹菜出苗慢,生长也慢,与杂草竞争力很弱,容易被草"吃掉",要及时拔除杂草或合理使用除草剂。

(5)分次间苗。由于芹菜夏季极易死苗,齐苗后先间去并生苗、过稠苗。2 片叶时第二次间苗,苗距 1～1.5 厘米左右,4 片叶时第三次间苗,苗间距保持 3～5 厘米。每次间苗后可浇一次小水压根。

(6)适时定植。8 月下旬至 9 月下旬,当苗高 10～15 厘米,5～6 叶时及时进行定植。

(三)定植

前茬作物收获后,亩施入约 5 000 千克腐熟有机肥,深翻25～30 厘米,充分晒垡后,细耕整平,做成 1～1.5 米宽的平畦,选阴天或多云天定植。起苗时宜留根 4～6 厘米长,大小苗分级定植。栽植深度以下不露根,上不埋心为好,栽植过深或过浅芹菜均易出现缓苗慢,成活率低,成活后生长慢等现象。干土定植后要浇一次透水,但水流要缓,防止冲苗。近几年试推广的湿栽法更简便,湿栽法就是整好畦后,先浇透水,用按行距宽自制的钉耙顺畦划线,将芹菜苗按株距栽于划过线的湿泥中。湿栽法定植快,缓苗快,发根好,优于传统干土定植。定植株、行距,依品种而定,一般本芹 12 厘米 × 15 厘米,亩栽 2.8 万 ~ 3.3 万株,适当密植,以达高产高效目的;西芹大苗 20 厘米 × 30 厘米,中等苗 20 厘米 × 25 厘米,小苗 20 厘米 × 20 厘米,亩栽 1 万 ~ 1.5 万株,确保稀植大棵,以达到优质高效的目的。

(四)定植后的管理

定植后为促进缓苗,需保持土壤湿润,7 天浇两次水。缓苗以后,要及时进行中耕,促进新根和新叶的生长。第一次中耕要细致,尽量除掉杂草,打碎表土,但不伤苗。中耕两次,新叶开始旺长,可施 1 次提苗肥,每亩施尿素 10 千克,10 月中旬芹菜发棵后,天气逐渐凉爽,要肥水齐攻,每 15 ~ 20 天亩可追 15 ~ 20 千克左右尿素,中间可追 1 ~ 2 次稀粪水,进入 10 月下旬大棚栽培的要及时扣棚保温,12 月中下旬要在大棚内加覆小拱棚,大棚外侧覆盖草苦,做好保温防冻工作。

(五)病虫害防治

秋芹菜易发生斑枯病,此病可选用 75% 百菌清可湿性粉剂 600 倍液或 70% 代森锰锌可湿性剂 500 倍液或 50% 多菌灵可湿粉剂 500 倍液,在发病初期隔 7 ~ 10 天喷洒 1 次,防治 2 ~ 3 次。定植后覆棚前注意使用啊维菌素防治潜叶蝇为害,一般定植后即喷药防治 1 次。西芹品种在苗期易发生心腐病,要叶面喷施 2 ~ 3 次钙肥。

(六)采收

当芹菜长成后,应及时采收,不可收获过晚,否则养分易向根部输送,造成产量和品质下降。大棚种植的在春节前或下茬作物定植前 10 天应全部采收完。一般亩产量在 7 500 ~ 10 000 千克左右.

二、大棚夏茬西芹栽培技术

（一）品种选择

夏季栽培西芹宜选用耐高温的抗病品种,多选用美国百利西芹、文图拉西芹、双港西芹等品种进行夏季栽培。

（二）适时播种

（1）播种期。采用塑料大棚保温育苗,于2月下旬至3月上旬播种,播种过早易抽薹,播种过迟影响产量和品质,且此期播种可保证河南省夏季西芹在7月中旬以前上市,以免受7月中旬以后"北菜南运"西芹的冲击,降低效益。

（2）播种量。西芹种子发芽率较高,一般亩用种量为50~100克即可。

（3）播前处理。①种子处理播种前将种子用15~20℃清水浸泡24小时,搓去种子表面黏液,淘洗干净后将种子沥干,用湿纱布包裹后在15~20℃温度下催芽,催芽过程中每8小时左右翻动1次种子,用水冲去种子表面黏液,大约7天左右,当有70%左右种子露白即可播种。②苗床处理播种前7~15天在大棚内选3年以上未种过芹菜等伞形科植物,湿润而不积水的畦面作播种苗床,苗床按每亩施5 000千克腐熟有机肥,施足底肥,深翻细耙,并用五氯硝基苯进行苗床消毒。苗床面积为实栽面积的1/8~1/5。

（4）播种技术。播种时要浇足底水,由于芹菜种子小,将种子与细沙按1:20的比例混合均匀后撒播在苗床上,盖土宜浅,以不见种子为度。

（三）培育壮苗

采用塑料大棚保温育苗,播种前1个月左右扣棚,以提高棚内气温和地温,播种后如棚内气温过低,可在大棚内加盖小拱棚。出苗前保持棚内温度20℃左右,出苗后适当降低温度,白天不超过20℃,以15~20℃为宜,夜间不低于8℃,以后随着气温升高,苗床在白天应注意通风降温,保持15~20℃。当幼苗长到2片真叶时开始施薄肥,亩施尿素5~10千克,苗密时应进行间苗,苗距2~3厘米见方,以后根据情况再追施2~3次稀薄肥料,每次每亩施尿素10千克。整个苗期应经常保持床面湿润。注意防治蚜虫、猝倒病。蚜虫可用辟蚜雾、吡虫啉、乐果防治;猝倒病可用普力克、拌种双、敌克松防治,效果均较好。4月中下旬,幼苗4~5片真叶时定植。

(四)合理密植

西芹定植于大棚内,定植前棚内床土要深翻细耙,亩施粪肥5 000~7 000千克或三元复合肥100千克、硼肥500克,然后做成1.5米宽的高畦,6米宽的大棚可做成4畦。定植时浇足底水。河南省市民喜食较小的西芹,因此,定植时株行距不能过大,应合理密植,以株行距15厘米×12厘米,亩栽30 000株左右为宜,定植不宜过深,以土壤不埋到生长点(心叶)为度,定植后要小水勤浇,保持湿润。

(五)田间管理

(1)温度管理。4月中下旬定植时,河南省平均气温在16℃左右,较适宜西芹生长。缓苗前可使棚温保持在20℃左右,超过25℃则通风,缓苗后可将大棚"围裙膜"拆去,改成防雨棚,既有利于通风降温,又避免了下雨时病害的流行。5月中旬温度较高,阳光较强时在大棚外覆盖遮阳网,直到采收完毕。

(2)肥水管理。夏季栽培西芹要肥水猛攻,不能蹲苗,否则易干旱缺肥,影响产量,降低品质。浇水一般3~5天1次,使棚内土壤始终保持湿润状态,以促进芹菜旺盛生长并降低地温;追肥应掌握少量多次的原则,一般每10~15天1次,每次每亩施尿素或复合肥10~15千克。忌用人粪尿,以免引起烂心或烂根。

（3）激素处理 河南省 6~7 月气温高，采用遮阳网覆盖后温度可降低 3~5℃，但有时气温仍偏高，可在收获前 20 天左右，用 50 毫克/千克赤霉素喷雾 2 次，可促进芹菜生长，防止植株老化，改善西芹品质。

第七节　食用菌栽培技术

一、草菇

草菇也叫稻草菇，是因为最初栽培草菇用稻草，此外还称为苞脚菇、中国菇。它是一种高温型菇，原产于亚热带地区，中国于 1822 年就已开始人工栽培，草菇不但肉肥嫩、脆滑、味道鲜美，而且还有很高的营养价值。

草菇含有丰富的蛋白质，人体所必需氨基酸占其氨基酸总含量的 38.2%，比猪肉、牛肉、牛奶和大豆的含量都高，同其他菇类相比，氨基酸含量与蘑菇几乎相同，是平菇的 2 倍，香菇的 3 倍。因此，它是一种很好的蛋白质来源。另外，草菇还含有极其丰富的维生素 C，其含量高于含维生素 C 最高的辣椒和橘子。常食草菇，可提高人体免疫机能，降低胆固醇，降血压，预防癌症发生。

在众多大面积生产的食用菌中，草菇生长最快，一般从播种到采收公需 10~12 天，一个栽培周期需 25~35 天，生物学效率可基本稳定在 18%~35%。由此可见，栽培草菇见效快，经济效益高，既可为出口提供货源，增加菇农收入；又能满足广大群众日常消费，是真正的短平快项目，很适合在农村和城镇地区进行大面积推广。

传统草菇栽培一般都采用发酵法进行栽培，由于此法费工、费时故而难以推广，寿光市食用菌研究所在汲取以往经验，结合本地实际的基础上，试验研究了利用长麦草不经发酵处理直接栽培草菇的技术，经 1997 和 1998 两年大面积试验，生物转化率

118

可达40%～50%,比发酵法平均产量高出10%左右,深受广大菇农欢迎。现将该技术要点介绍如下:

(一)菌种选择

菌株为V35,试验场地选在夏季闲置高温大棚或平菇棚内,栽培料选用新鲜没有霉烂麦草,另外加麸皮5%。

(二)试验方法

以发酵法栽培作对照,两种该当所用原料品种都相同,不发酵法要点如下:

(1)先在栽培场地附近挖一水池,用来浸泡麦草,然后在水池中放上水,再将麦草和生石灰放进去,方法是放一层麦草,再放一层石灰,然后再铺上一层麦草和石灰,生石灰用量为草总量的5%。如此将麦草堆满水池,浸泡48小时,然后将麦草捞起,搬进菇棚内。

(2)菇棚可选用夏季闲置高温菜棚,也可利用一般低温菇棚,或者在室外搭建简易拱棚,棚上面覆盖草帘或麦草遮阳,棚内地面整平,麦草进棚前棚内应灌足一次水,同时喷洒5%甲醛溶液杀菌,喷洒稀释800倍的敌敌畏或辛硫磷杀虫。麦草运进棚后,先在平地上铺一层麦草,宽约80～100厘米,长不限,厚约25厘米,然后播上一层菌种,再铺上麦草,厚度约25厘米,然后第二次播种,将菌种均匀撒在料面上。两次播种菌种用量为:第一次为总量的40%,第二次为总量的60%,菌种总量为干料重的5%～10%,播好种后用干净木板将草畦拍实,整成中间凸,四周低的龟背形,即可覆盖泥土,泥土用棚中泥土即可,覆上量以能略微盖住草为宜,盖上地膜,调整好棚内温度,等待其出菇,播种3～4天保温、保湿为主,每天揭膜通风10～15分钟,时间应选在中午,若料温上升到50℃,要延长通风时间,并揭膜降温,如此管理,8～10天即可显菇,显菇后即将薄膜撑起,约10～12天,即可采头潮菇。

（三）试验结果

两种方法的产量以直接浸泡法最高,试验证明,直接浸泡法生物转化率可达40%～50%,发酵栽培法生物转化率一般为30%,菇的质量以直接浸泡栽培法为好。通过试验,直接用浸泡的麦根栽培草菇,草菇个头大,菇体分布均匀,商品性好,幼菇成活率高。

（四）分析及讨论

（1）直接浸泡法栽培草菇,避免了原料因发酵造成养分流失,使草菇菌丝能充分吸收营养,促进生殖生长。

（2）浸泡后的麦草成畦后,料堆间隙大,非常适合草菇菌丝好氧性特点,能提高草菇菌丝成活率,加快发菌速度。

（3）该法省工省力。

（4）注意事项:①播种要避免低温天气,应掌握日平均气温在32℃以上;②菇房应彻底消毒,防止失败。

通过以上几点,可以确定采用浸泡后的麦草直接播种栽培草菇,简便易行,效益显著,易为广大菇农接受,很值得大力推广。

二、金针菇

金针菇是生长于秋末春初寒冷季节的一种小型伞菌,性耐寒,3～7℃均能生长。在分类学上属菌属。其单朵子实体由细长而脆嫩的菌柄,菌盖和菌褶组成,子实体丛生。

金针菇按株丛形状不同可分为细密型和粗稀型两种。按子实体色泽可分为深色品系和浅色品系。金针菇分枝强弱及颜色深浅虽和品种特征有关,栽培环境条件也能促使其分枝和颜色的变化。

（一）金针菇生长发育需要外界条件

金针菇所需外部条件有营养、温度、湿度、光线、空气、酸碱度 6 方面,这几个方面对金针菇栽培产量及品质起决定性作用。

1. 营养

金针菇所需营养即是栽培金针菇需用的原料,一般选用棉籽壳、阔叶树木屑、豆秸、玉米芯等,并在配料时加入一定量的玉米粉、麸皮、米糠、豆饼等有机物质以补充营养,但加入量一般不易太大。还可加入一定量的磷酸二氢钾、硫酸镁、过磷酸钙、石膏等无机盐。

2. 温度

金针菇菌丝较耐寒,在 -40℃ 不会被冻死,但耐高温能力弱,温度达到 34℃,菌丝停止生长,超过 34℃ 菌丝很快死亡,菌丝生长温度范围为 7~32℃,最适宜为 23~24℃。子实体形成温度为 5~20℃,其中黄色菌株为 8~19℃,最适 8~12℃,白色菌株为 5~16℃,最适 6~10℃,气温超过 20℃,原基停止分化。子实体形成后,在 3~20℃ 都能正常生长,子实体正常生长温度范围为 6~19℃,最适为 8~12℃。

3. 湿度

金针菇为喜湿性菌类,抗干旱能力较弱,培养料含水量以 65%~70% 为宜,子实体发育期间要求空间相对湿度在 80%~95%,以 90% 为最适宜,不能低于 70%,不能高于 95%,生产中可采用干湿温度计测量。

4. 空气

金针菇是好气性菌类,菌生长阶段应注意培养室的通风换气,二氧化碳含量直接影响金针菇子实体生长,当菇层中二氧化碳含量在 0.114%~0.150% 时,金针菇菌盖受到抵制,菌柄伸长,即可生长出菌柄细长、菌盖小的优质子实体。

5. 光线

金针菇是一种厌光性真菌,其生长过程中应遮光,子实体生长需用一定量的散射光,在完全黑暗条件下原基虽能形成,但比较困难。但散射光太强对子实体也有不利影响。

6. 酸碱度

适宜金针菇生长的 pH 值为 3.0 ~ 8.4,较适宜为 4 ~ 7。

(二)栽培方法

金针菇栽培方法有瓶栽、袋栽、箱栽、压块栽培等,现在我们大量栽培一般采用袋式栽培法。袋式栽培法又可分为立式栽培出菇与卧式栽培出菇两种方法。

1. 立式栽培出菇

选用塑料袋有聚乙烯和聚丙烯两种,前者适用于常压灭菌,后者适用于高压灭菌。袋规格宽幅是横长占袋长的 15% ~ 18%,长 33 厘米,厚度为 0.05 ~ 0.06 毫米,每袋装干料约 350 ~ 500 克,袋一端应严密封口。按要求将培养料装入袋中,袋口用塑料绳扎口或用套环塞棉塞,袋装好后进行灭菌,灭菌结束,将培养袋移入接种室接种,接上种后,可移入培养室培养,菌丝长满后,移入出菇室出菇。解开袋口,将塑料袋上端完全撑开,在袋口覆盖报纸,在报纸上喷水调湿,按前述金针菇所需外界条件进行管理。

袋栽金针菇的采收茬数视各种培养基和菌株不同而异,以棉籽壳为主料的,可采收 3 茬,以木屑为主料的,可采收二茬;深色菌株第一潮菇及第二潮菇的产量分配较平均,均为 35% ~ 40%,白色菌株第一潮菇占总产量的 78%,因而深色菌株应争取一二潮产量,白色菌株应争取第一潮菇产量。

第一茬菇采收完毕,将料面清理干净,并适当搔菌以利于第二批菇蕾形成。

2. 卧式出菇

卧式出菇是将塑料袋平放于架上或地面上出菇的栽培方式。它分为卧式一头出菇和两头出菇两种方式。一头出菇的塑料袋长 33 厘米,装料长 23 厘米,平放时底部相对排列,袋口向外。两头出菇的袋长 40 厘米,装料长 30 厘米,菇袋可在地上摆 6～7 层用好后用塑料膜披盖,披盖之前须将袋口撑开,薄膜应将成堆料袋盖严,这样保湿性能好。

卧式出菇管理方便,省工效率高,初期不需每日洒水,只需定期揭膜通风,待金针切长至 8～10 厘米时,通风次数逐渐增多。春天气温较高时,要勤洒水,同时结合揭膜通风换气。

三、鸡腿菇

鸡腿菇又叫鸡腿蘑,属真菌门、担子菌亚门、层菌纲、伞菌目、鬼伞属,是一种典型的腐生菌、土生菌。成熟鸡腿菇子实体包括菌盖、菌褶、菌柄三部分,菌盖上有鳞片。鸡腿菇有不盖不出菇的特点,是一种典型的土生菌,因此,在大规模生产中,可根据生产需要自由安排出菇时间。

(一)鸡腿菇生长发育需要外界条件

1. 营养

鸡腿菇是腐生性真菌,棉皮、一般作物秸秆、野生草木等都能用来生产鸡腿菇,在生产中为了提高产量,往往向基料中添加豆饼粉、玉米粉等营养物质。

2. 温度

鸡腿菇菌丝生长温度范围为 3～35℃,适宜温度为 26℃。菌丝特抗寒,能忍受 -30℃ 低温。温度超过 37℃ 时,菌丝会自溶。子实体形成需低温刺激,鸡腿菇子实体生长温度范围为 9～30℃,低于 8℃ 不出菇,高于 30℃ 很难出菇。人工栽培时,在 16～24℃ 子实体发生最多,产量最高。

3. 湿度

鸡腿菇培养料含水量以 65% 为宜,出菇时空气相对湿度应控制在 80%～90%,湿度过低易使子实体过早卷鳞片,过高易引发某些病害。

4. 空气

鸡腿菇是一种好气性真菌,一生中需要较好的通风条件,尤其是出菇阶段更要强通风。

5. 光线

光照对鸡腿菇菌丝有一定抑制作用,菌丝生长阶段应闭光,出菇阶段应需一定强度的散射光,在一定范围内,随着光线增强,鸡腿菇子实体质量提高。

6. 酸碱度

鸡腿菇适宜生长酸碱度为中性,在生产中为了防止杂菌,往往将 pH 值超过 8,虽不太适宜,但经过一段时间生长之后,培养料 pH 值会被菌丝自动调到 7。

7. 覆土

鸡腿菇菌丝成熟后,必须经过覆土处理才会出菇,这是鸡腿菇的重要特性。覆土主要作用是刺激和保湿,另外还有部分土壤微生物代谢产物作用,可使鸡腿菇能顺利出菇。

(二)栽培技术

1. 场地

可利用果园、菜地、休闲田整畦搭棚及室外小拱棚、冬暖式大棚等都可用来栽培鸡腿菇。

2. 培养料堆积、发酵

由于鸡腿菇是腐生性真菌,故而栽培料应进行发酵处理。以利于菌丝体吸收利用。依配方将原料称重,按料水比 1:1.3 比例加入清水拌匀,建起高 1 米,宽 1 米,长不限的堆。堆上每隔 0.14 米扎一到地面的通气孔。观察料温,当料表层 20 厘米料温超过 55℃时,保持该温度一天可进行翻堆,如此可翻堆 2~3 次,经 6~7 天,堆积发酵完成,然后摊开料堆,晾一晾,以排净堆中废气。用 pH 试纸测量培养料 pH 值,并用稀石灰液调至 8.5 以下,料温降到 30℃以下或与料温相等埋,即可进行播种。

3.栽培方式

栽培方式多种多样,有畦式直播栽培、袋式栽培等,现大多采用袋式栽培。袋式发菌栽培操作同平菇,采取料种比2:3或3:4均可,同样使用微孔通气办法,并掌握发菌时袋内温度不超过35℃,料袋菌丝长满后,若温度条件适宜,即可进行栽培。在棚内南北向挖畦,将菌袋脱去塑膜,或直立或横卧放于畦内,间隔5厘米,将处理后的细土填埋其上,厚约3厘米,清水喷至覆土最大含水量,盖报纸静置,若条件适宜,约经7天,覆土上可长出鸡腿菇菌丝,此时再覆土±2厘米,用清水喷透土层,继续盖报纸,再见覆土上长潢菌丝时,掀去报纸,加大棚内通风和相对空气湿度及光照,一周内即有菌蕾出现,约10天即可采收。

当子实体长至七分熟时,手捏上部不软,无空隙,无鳞片翻卷现象,菌盖部分呈光滑洁白及少许褐色斑点应及时采收,万不可待其充分成熟,一旦成熟,鸡腿菇开伞后,便失去食用及商品价值,导致生产受损。鸡腿菇每投料一批,可收3~4潮鲜菇,一般生物效率为100%~150%,与平菇产量相仿。

四、平菇

平菇又叫侧耳,在分类学上属真菌门,侧耳属,该属种类很多,我国栽培的有6个:糙皮侧耳,美味侧耳,凤尾菇,鲍鱼菇,金顶侧耳,佛罗里达侧耳。平菇子实体生长可分为4个时期:桑葚期、珊瑚期、形成期、成熟期。

(一)平菇生活条件

1.营养

平菇属腐生性真菌,阔叶木屑、稻草、麦秸、玉米芯、豆秸、棉籽壳等多种农副产品都可用来生产平菇。生产中为了平菇产量及品质,可往养料中加入米糠、麸皮、豆饼、玉米面等营养物质,还要加入磷酸二氢钾、硫酸镁、过磷酸钙等无机盐。

2. 温度

温度是平菇生长的重要条件,菌丝生长范围为 5~37℃,最适宜为 22~26℃,超过 40℃48 小时菌丝失去活力,低于 0℃菌丝处于休眠状态,但不影响生命活力。子实体因品种不同而有差别,可将平菇品种分为 4 个温度类型。

(1)低温型。子实体形成温度范围 7~22℃,适温14~17℃。

(2)中温型。子实体形成温度范围 13~26℃,适温17~22℃。

(3)低中温型。子实体形成温度范围 10~24℃,适温15~20℃。

(4)高温型。子实体形成温度范围 16~30℃,适温24~28℃。

3. 水分

平菇属于好湿性菌类,培养料含水量以 65% 为宜,菌丝生长期空气相对湿度为 70% 左右,子实体形成发育期适宜温度范围为 85%~95%,低于 50% 子实体即会停止生长,低于 40% 子实体不再分化,即使分化子实体也会干枯死亡;高于 95% 易死菇、烂菇和杂菌孳生。

4. 空气

平菇是好气性真菌,二氧化碳浓度增高时,会使子实体产生变形,因而,在子实体生长期应保持良好的通气条件。

5. 光照

平菇菌丝在黑暗条件下能正常生长,且比有光时生长快,子实体形成发育则需要一定的散射光。

6. 酸碱度

平菇喜欢在微酸基质中生长,适宜 pH 值为 5.0~6.5,过高或过低都会抑制平菇菌丝生长,若过酸可用生石灰调节,若过碱,可用过磷酸钙调节。

（二）栽培技术

1.培养料选择

栽培平菇的培养料必须具备颗粒适中,质地松软,具备一定通气透水性,富含纤维素、半纤维素,不含抑制菌丝生长的物质,新鲜,没有霉变,目前,栽培平菇的主要原料有木屑、棉籽壳、花生壳、玉米芯、麦秸、豆秸等。栽培平菇还需加入一定量的辅助料,如麸皮、米糠及玉米面等以弥补主料中某些营养成分的不足。为了防止害虫侵染培养料,配料时,应适当加入一些杀虫及杀菌药剂,以预防病虫害发生。

2.播种

平菇栽培方式有阳畦栽培及袋式立体栽培法,我们现在一般采用塑料袋立体栽培法,优点是料温湿度容易控制,菌丝生长快,能降低污染,管理方便,并能充分利用空间,具体方法如下:

（1）装袋接种。用厚度1.5~2.0的聚乙烯塑料做宽25~28厘米,长45~55厘米的圆筒形塑料袋,将合格的三级种放到干净盆中,瓣成花生米大,将塑料袋一头扎口,将扎口一端袋底摊平,往里放一层菌种,接着装料,边装边压实,装至1/3时,将料压平后放第二层菌种,放种时尽量贴着膜边,便于观察发菌情况装料至2/3再播种,然后放入最后一层培养料,将最后一层菌种撒在料面上,扎紧袋口。整个过程用种量约占培养料总量的10%~15%,袋内菌种应两头多,中间少。装完袋后,进入发菌阶段,该阶段温度最好在15~25℃。播种后2~3天菌种即开始生长吃,此时,可用消毒铁棍或木棍（直径0.5~0.8厘米）纵穿两三个洞以利通气。低温季节,料袋可双行堆积,堆高5~8层,上盖草帘,每行之间留30~40厘米过道,温度高时应单行低层（2~3层）排列,以防料温过高烧堆,发现料温超过30℃,立即翻堆料袋以利散热。若发现有杂菌感染,应将污染袋挑出单放,严重污染都应搬出埋掉,另外还要防老鼠咬破袋,防菇蚊产卵。约经 30 天左右,菌丝即可发满料袋。发好菌的菌袋表面现象覆盖一层白色薄膜,用手拍叭叭声。待料面分泌露水珠,说明菌丝已发育成熟到出菇阶段了。

(2)出菇管理。袋内出现菌蕾后,应及时解口,露出菌蕾,解口之后每天喷水 2~3 次,使相对湿度提高到 70%~80%,以后增加到 90%,成熟后采收。现蕾阶段人为地对菌丝体进行刺激是增产的重要措施,刺激分生态刺激和机械刺激等,生态刺激有:温差刺激、干湿刺激降低 CO_2 浓度法,散光诱导;机械刺激有搔菌等方法。平菇按上述栽培,在正常出菇条件下,总生物效率可达 100%~250%。

五、蘑菇

(一)生活条件

1.营养

蘑菇是草腐菌,含有适量磷肥、石膏、尿素的腐熟粪草是其适宜的培养料。培养料的碳氮比影响很大,碳素不足,长得衰弱;氮素过多,菌丝徒长,不易结菇。培养料在发酵前适宜的碳氮比是(30~33):1。

2.温度

蘑菇是种低温型、恒温结实的菇类。不同发育阶段对温度的需求不一,菌丝体生长的温度范围是 5~32℃,22~25℃是适宜温度;子实体发育的温度范围是 5~22℃,适宜温度是 16~18℃。高温易致菌丝和菇衰亡。

3.湿度

培养料含水量约在 65% 为宜。对空气湿度和覆土湿度的需求呈现由低到高的规律,菌丝体生长期,适宜的空气湿度是 70% 左右,覆土湿度是手握成团,落地即散;出菇期,空气温度应提至 85%~90%,土层湿度以捏之即扁,搓之圆,但不粘手为宜。

4. 酸碱度

蘑菇喜偏碱性的培养料,能生长的范围是 5.0 ~ 8.0。由于 pH 值随其生长而下降,故用新鲜石灰将料的 pH 值调到 7.5 ~ 8.0,覆土 pH 值调至 8.0 ~ 8.5。后期管理还须常喷 1% 石灰水,以保持偏碱性环境。

5. 空气

蘑菇对空气的需求呈现由少到多的规律,通风换气是栽培成功的秘诀。菌丝体生长期通风好,可使菌丝长得快而壮,还能减少杂菌污染;子实体生长期若通风差,会导致畸菇、死菇、不出菇以及加重病虫害的后果。

6. 光照

蘑菇喜暗,菌丝体和子实体在暗处长得快、齐、健,在分化时,少量散光刺激利于菌丝扭结。

(二) 栽培技术

1. 配方

草、粪各 1/2 + 磷肥、尿素、饼肥各 1% ~ 1.5% + 石灰 2%。

2. 发酵

(1) 发酵原则。堆料要求升温快,堆温高,堆期短,腐熟度好,建堆衙每次翻堆后的堆表面应喷杀虫(菌)药物,堆形须逐渐缩小,料含水量要逐渐降低,翻堆间隔天数可逐渐缩短,并严防雨淋。在最后一次翻堆时应喷杀菌(虫)药,进料前的堆表要再喷药。

(2) 发酵方法。草用 1% 石灰水预湿 1 ~ 2 天,粪、饼预湿后打碎,混匀。建堆时,在堆底撒石灰粉,按照一层草(厚 20 厘米),一层粪(厚 3 ~ 5 厘米)的方法堆至宽约 2 米,高 1.5 米左右的料堆。料堆四壁应陡直,顶部成拱形,四周围膜,顶部盖草苫。建堆时尿素只加配方总量的 50%,并且堆下部不浇水,中部少浇水,上部多浇水,以堆周有少量水溢出为宜(顶部浇粪水更好)。

待堆温升至约 70℃时,维持 1~2 天,进行第 1 次翻堆,翻时,磷肥加配方总量的 1/2,石膏全加,尿素加配方总量的 30%,含水量调至能用手挤出 6~7 滴水为宜。待料温再升到约 70℃,1~2 天后进行第 2 次翻堆,此时可加入剩余的尿素与磷肥,含水量调至挤出 4~5 滴水。第 3 次翻堆时加入石灰粉,含水量调到能挤出 2~3 滴水。如此 4~5 次堆,直至料呈深咖啡色,软而有弹韧性,汁水浓,有香味和白色粉末物,无氨臭味,pH 值 7.5~8.0,含水量以指缝中有水泌出,至多能挤出 1 滴水时,即可准备播种。

3. 播种

将发酵料搬入杀虫消毒的菇房中,料温降至约 28℃时,将其铺 20~30 厘米厚,采用撒播方式播入菌种,可先将一半菌种抖落至料深 4~5 厘米处,另半菌种撒入料面。用木板将料略压实后,盖层消毒的报纸,保温保湿差的声所还应再盖薄膜。

播种时应注意菌种质量,先用纯、旺、壮,菌龄约 50~60 天菌种,不能用有黄水,现杂色,有结皮和上部退菌的菌种。播量约掌握在 1~1.5 瓶/平方米,菌种瓶的外表,盛菌种的工具和操作者的手都应事先消毒,此外,还需做好防鼠工作。

4. 管理

(1)出菇前

①发菌期(约 20 天):此期的管理要点是控制料温,空气湿度勿大,保持空气清新,严防杂菌感染。

料温控在 20~25℃,光线暗,2~3 天内不透风,以促使菌种定植。3 天后菌种开始吃料,应注意通风,约 7 天,菌丝基本封盖料面时,需加强通风换气,以促使菌丝向料内生长。待菌丝长至料深的 1/2 时,可稀扎料孔,以便排除料层深处的废气。

②覆土:待菌丝生长至料深 2/3 时,应及时覆盖持水性强、透气性好的土质,厚度以 2～3 厘米为宜。覆土前应使料面略干,保证无病虫害,并轻划表面菌丝。

③覆土后(15～20 天出菇):覆土后的管理要点是调水,适时通风,保持 80% 左右的空气湿度。覆土 2～3 天可喷保持水,以补充土层的失水量。前 10 天应减少通气量,以使菌丝尽快上土,待菌丝长至距表土约 0.5 厘米时,应加强通风,使菌丝倒伏,让其在此部位加粗、扭结,即定准出菇部位。

(2)出菇期。出菇期的管理关键是保持 85%～90% 的空气湿度,并加强通风换气,以防畸菇、死菇的产生。

喷水可采用每天勤喷、少喷的方法,保证空气和土层应有的湿度。也可采取间歇重喷法,即待菌丝长至距表土约 1 厘米,加粗洁白,并出少许白米粒时喷次出菇水,每天每平方米约喷水 1 千克,分 4～5 次喷入,连喷 2 天后停喷 2～3 天,然后,保菇水的喷量与喷法可仿照出菇水。

喷水时应使喷头斜置向上,勿使水渗入料面,气温高于 22℃时不能喷水。

(3)采菇。采前 4 小时不喷水,动作要轻,勿造成机械伤。前 3 茬菇应扭收,以保护料内菌丝,采后及时将土层补平;3 茬后的菇应拔收,以带出料内老菌索。

土层板结时应松土,并用镊子拣出老菌索,后期应注重追肥和保持料、土的偏碱性环境。

(三)追肥

1. 常用肥液

(1)料浸出液。将晒干保藏的发酵料搓碎,加入 10 倍开水浸闷 10 余小时,取其滤液后对入 1 倍水喷施。

(2)菇根汤。把菇根切碎,在 2 倍水中煮沸 15 分钟,其滤液对 2 倍水喷用。

（3）豆浆汁。将 1 千克黄豆泡胀,磨浆,取滤液后对 100 倍水喷用(豆渣可重复磨浆 3 次,高温期勿用此肥液)。

（4）化肥液。0.1% ~ 0.2% 尿素或 0.5% 过磷酸钙澄清液,每 2 ~ 3 天喷 1 次,能使中、后期的菇体肥大。

（5）草木灰水。草木灰 5 千克,用 100 千克水浸泡,取用上清液。

（6）酵母液。将市场上售鲜酵母配成 0.5% ~ 1%,或把干酵母制成 0.05% 的酵母液使用(配制时应先将活酵母烫死)。

2. 追肥须知

（1）追肥应少量多次,切忌浓度大、用量多。

（2）各种肥液须现配现用,不得含有虫卵、杂菌。

（3）多种肥液交叉使用,遇高温和病虫害时不得追肥。

（4）追肥后随即喷水,勿使营养液存积外表,以免招染病虫。

（5）适宜的追肥时机是 2 ~ 3 茬菇后,采菇后下茬菇蕾长至黄豆大小前施(采前或大菇期勿追肥)。

第三章　生物杀虫杀螨剂

第一节　植物源杀虫剂

一、除虫菊素

(一)简介

(1)通用名称。除虫菊素。

(2)商品名称。除虫菊、除虫菊酯、扑得。

(3)作用特点。除虫菊杀虫谱广,击倒力强,残效期短,具有强力触杀作用,胃毒作用微弱,无熏蒸和传导作用。主要用于防治卫生害虫,如蚊、蝇、臭虫、虱子、跳蚤、蜚蠊、衣鱼等。在农业上主要用于防治蚜虫、蓟马、飞虱、叶蝉、菜青虫、叶蜂、猿叶虫、金花虫、椿象等。为了开发这种生物农药,近年来我国在云南省曲靖市大量种植除虫菊,并用最先进工艺加工,供应全国需要。

(4)毒性。本剂为低毒杀虫剂。对人、畜安全,因分解快,故残效期短,无残留,不污染环境,但对鱼有毒。

(5)剂型。0.5%粉剂,3%乳油。

(二)使用方法

(1)喷粉。防治棉蚜、菜蚜、蓟马、飞虱、叶蝉、菜青虫、猿叶虫、叶蜂等,每亩喷0.5%粉剂2~3千克,在无风的晴天喷撒。

(2)喷雾。防治蚜虫、蓟马、猿叶虫、金花虫、椿象、叶蝉等

133

多种蔬菜及果树害虫。用3%乳油对水稀释成800~1 200倍液喷雾。根据害虫发生情况。隔5~7天后再喷1次。

(3)防治。十字花科蔬菜和大豆上的菜青虫、斜纹夜蛾、甜菜夜蛾等鳞翅目害虫 用3%乳油2 000~2 500倍液喷雾。效果好,击倒速度快,有3~7天的残效期,具有较好的防治效果,在农作物上未见药害。

(三)注意事项

(1)本剂不宜与碱性药剂混用。

(2)除虫菊素对害虫击倒力强,但常有复苏现象,特别是药剂浓度低时。故应防止浓度太低,降低药效。

(3)药剂应保存在阴凉、通风、干燥处,严防高温、日晒。

二、鱼藤酮

(一)简介

(1)通用名称。鱼藤酮。

(2)商品名称。鱼藤、毒鱼藤、地利斯。

(3)毒性。中等毒性。对猪有毒;对鱼类等水生生物和家蚕高毒,对蜜蜂低毒。

(4)作用特点。鱼藤酮杀虫活性较高,是一种强接触杀虫剂,并兼有胃毒作用,无内吸作用。鱼藤酮是细胞呼吸代谢的抑制剂,主要是抑制神经和肌肉组织中细胞的呼吸,引起呼吸运动的停顿。因而减少了氧气的供应,能使氧气的消耗量降低一半。鱼藤酮杀虫的持效期短,基本无残留问题,对作物安全,使用后对农产品的品质无不良影响。鱼藤酮杀虫广谱,对膜翅目、缨翅目、蜱螨亚纲等多种害虫有效。

(5)剂型。2.5%乳油。

(二)使用方法

(1)防治。蔬菜、花卉等作物上的害虫每亩用2.5%鱼藤酮乳油100~200毫升,对水稀释均匀喷雾,可防治各种蚜虫、害螨、网蝽、瓜蝇、甘蓝夜蛾、斜纹夜蛾、蓟马、黄条跳甲、黄守瓜、二十八星瓢虫。

(2)防治茶树害虫。用2.5%乳油300~500倍液喷雾,可防治茶毛虫、茶尺蠖等害虫。

(三)注意事项

(1)该农药不能与碱性物质混用,以免因分解而失去杀虫效力,同时要在喷雾时力争均匀周到,以使药液充分接触到所有的虫体。

(2)药液及其冲洗物不得倒入鱼塘或用于桑园。

三、茴蒿素

(一)简介

(1)通用名称。茴蒿素。

(2)毒性。低毒。

(3)作用特点。主要成分为山道年及百部碱,主要杀虫作用为胃毒,可用于防治菜青虫、蚜虫、尺蠖等害虫。

(4)剂型。0.65%水剂。

(二)使用方法

(1)蔬菜害虫的防治

①蚜虫的防治:在蚜虫发生期,每亩蔬菜每次用0.65%水剂200毫升,对水60~80千克均匀喷雾。

②菜青虫的防治:在三龄前防治为宜,每亩蔬菜每次用0.65%水剂200~250毫升,对水60~80千克均匀喷雾。

(2)苹果害虫的防治

①蚜虫的防治:在苹果黄蚜发生期,用0.65%水剂400~500倍液均匀喷雾。

②尺蠖的防治:在春季尺蠖发生期均匀喷雾防治,用药浓度

同苹果蚜虫。

(三)注意事项

(1)该农药应贮存在干燥、避光和通风良好的库房里。

(2)该农药不可与碱性农药混合使用。

四、藜芦碱

(一)简介

(1)通用名称。藜芦碱。

(2)商品名称。瑟瓦定,虫敌。

(3)毒性。低毒。

(4)作用特点。藜芦碱是百合科植物藜芦体内含的一种生物碱,将藜芦经乙醇萃取而得,对害虫具有胃毒和触杀作用,药剂进入害虫消化道后,造成局部刺激,引起反射性虫体兴奋,继之抑制虫体感觉神经末梢,进而抑制中枢神经而致害虫死亡。该制剂具有高效、低毒、低污染的特点,对人、畜安全,药效期长达10天以上。适时用药可有效控制害虫的为害,并能促进作物的生长。

(5)剂型。0.5%含醇溶液。

(二)使用方法

(1)防治菜青虫。每亩蔬菜每次用0.5%含醇溶液75~100毫升,对水稀释均匀喷雾。

(2)防治白粉虱、蚜虫。用0.5%含醇溶液800倍液喷雾。

(3)防治卷叶蛾。用0.5%含醇溶液500~800倍液喷施。

(4)防治菜螟。用0.5%含醇溶液800倍液喷雾。

(三)注意事项

(1)该农药在低龄幼虫期施用,防治效果最好。

（2）该农药与有机磷、菊酯类化学农药随混随用,可提高药效,但必须先进行试验。

（3）该农药制剂易光解,应在避光、干燥、通风、低温条件下贮存。

五、苦皮藤素

（一）简介

（1）通用名称。苦皮藤素。

（2）毒性。苦皮藤素对高等动物安全。对眼睛、皮肤无刺激性,对鸟类、水生动物、蜜蜂及害虫天敌安全。

（3）作用特点。苦皮藤素存在于卫矛科南蛇藤属植物苦皮藤中。它是一种具有胃毒作用的植物源杀虫剂,无触杀及熏蒸作用,主要用于防治部分鳞翅目、直翅目及鞘翅目害虫,防治效果较好。

（4）剂型。1%乳油。

（二）使用方法

（1）防治蔬菜害虫。在幼虫三龄前,用1%乳油2 000～3 000倍液均匀喷雾,可防治甘蓝、花椰菜、白菜等蔬菜上的菜青虫、芜菁叶蜂幼虫、黄守瓜等。

（2）防治稻苞虫、黏虫。在幼虫三龄前,用1%乳油2 000～3 000倍液均匀喷雾。

（3）防治国槐、龙爪槐等绿化树上的槐尺蠖。在幼虫三龄前,用1%乳油2 000～3 000倍液均匀喷雾。

（三）注意事项

（1）本剂不宜与碱性农药混用。

（2）使用时可加入喷液量0.03%的洗衣粉。

（3）该药作用较慢,一般24小时后生效,不要随意加大药量。

六、川楝素

(一)简介

(1)通用名称。川楝素。

(2)商品名称。蔬果净。

(3)毒性。中等毒性,制剂低毒。

(4)作用特点。川楝素具有胃毒、触杀和一定的拒食作用。川楝素进入虫体后。破坏其中肠组织,阻断神经传递而使昆虫致死。川楝素杀虫谱广,对鳞翅目、鞘翅目、同翅目等多种害虫有效。残留低,对作物和人、畜安全。

(5)剂型。0.5%乳油。

(二)使用方法

(1)蔬菜、瓜类害虫的防治。每亩瓜菜每次用0.5%乳油50~80毫升,对水均匀喷雾,能有效地防治菜青虫、芜菁叶蜂、跳甲、蚜虫、黄守瓜等多种害虫。

(2)果树害虫的防治

①用0.5%乳油1 500~2 000倍液喷雾:可防治各种金龟甲、卷叶虫、食心虫、黄刺蛾、叶蜂等害虫。

②用0.5%乳油1 500~2 000倍液均匀喷雾:可防治桃蚜、橘蚜等害虫。

③用0.5%乳油1 500~2 000倍液:于落叶果树生长期喷布,可有效地防治苹果全爪螨和山楂叶螨。

(3)茶树害虫的防治。用0.5%乳油1 500~2 000倍液均匀喷雾,可防治茶尺蠖等茶树害虫。

(三)注意事项

(1)该农药不宜与碱性农药混用,与其他农药混用时需随配随用。

(2)该农药用在甘蓝等不易湿润的作物时,常在药剂中加入喷液量 0.03% 的洗衣粉。

(3)施药时要求喷雾均匀周到,对移动性弱的害虫,要求叶片正反面都喷上药。

(4)该农药对害虫的速效性较差,一般药后 24 小时才表现出杀虫作用,因此使用时不应因防效表现慢而随意加大用量。

七、印楝素

(一)简介

(1)通用名称。印楝素。

(2)毒性。印楝素对人、畜、鸟类和蜜蜂安全,不影响捕食性及寄生性天敌,在环境中很容易降解。

(3)作用特点。印楝素对害虫具有拒食、忌避、毒杀及影响昆虫生长发育等多种作用,并有良好的内吸传导特性,印楝素制剂施于土壤中,可被棉花、水稻、玉米、小麦、蚕豆等作物的根系吸收输送到茎叶,使整株植物具有抗虫性。该药剂能有效地防治舞毒蛾、日本金龟甲、烟芽夜蛾、谷实夜蛾、斜纹夜蛾、菜蛾、潜叶蝇、草地蛾、沙漠蝗、非洲飞蝗、玉米螟、稻褐飞虱等多种害虫。

(4)剂型。0.3% 乳油。

(二)使用方法

(1)菜青虫、小菜蛾、斜纹夜蛾、甘蓝夜蛾、菜螟、跳甲的防治。用 0.3% 乳油 800~1 000 倍液均匀喷雾。

(2)防治白粉虱、棉铃虫、烟夜蛾、蚜虫、叶螨、斑潜蝇。用 0.3% 乳油 500~800 倍液喷雾。

(3)防治白粉虱、蚜虫、斑潜蜗、叶螨。用 0.3% 乳油 500~800 倍液喷雾。

(4)防治甘蓝小菜蛾。每亩用 0.3% 乳油 50~100 毫升加水 50 千克,均匀喷雾。

(三)注意事项

(1)本品为生物农药,药效较慢,但持效期长。

(2)不能与碱性农药混用。

八、苦参碱

(一)简介

(1)通用名称。苦参碱。

(2)商品名称。苦参、蚜螨敌、苦参素。

(3)毒性。低毒。

(4)作用特点。苦参碱是由中草药植物苦参的根、茎、果实经乙醇等有机溶剂提取的一种生物碱,一般为苦参总碱。其成分主要有苦参碱、氧化苦参碱、槐果碱、氧化槐果碱、槐定碱等多种生物碱,以苦参碱、氧化苦参碱的含量最高。苦参碱是一种低毒的植物杀虫剂。害虫一旦触及,即麻痹神经中枢,继而使虫体蛋白质凝固,堵死虫体气孔,使害虫窒息而死。该杀虫剂对害虫具有触杀和胃毒作用,对菜青虫、蚜虫、叶螨等害虫具有明显的防治效果。

(5)剂型。1%醇溶液,0.2%、0.3%水剂、1.1%粉剂。

(二)使用方法

(1)防治菜青虫。在成虫产卵高峰后7天左右、幼虫3龄前进行防治。每亩用1%醇溶液60～110毫升,加水40～50千克;或0.3%的苦参碱水剂50～70毫升,对水40～50千克均匀喷雾,有较好的防治效果,该药对4～5龄幼虫防效较差。

(2)防治苹果叶螨。在苹果树开花后,叶螨越冬卵开始孵化至第二节动物杀虫剂孵化结束期间防治。用0.2%水剂100～300倍液喷雾,以整株树叶喷湿为宜。

(3)防治蚜虫。在蚜虫发生期施药,每公顷用1%醇溶液750～1 800毫升或0.3%水剂750～1 000毫升,加水600～750

升,叶背、叶面均匀喷雾,着重喷叶背。

(4)防治韭菜蛆。于韭菜蛆发生初盛期施药,每亩用1.1%粉剂2~4千克,加水1 000~2 000千克灌根。

(三)注意事项

(1)不能与碱性物质混用。

(2)贮存在避光、阴凉、通风处。

第二节　动物源杀虫剂

一、广赤眼蜂

(一)简介

(1)通用名称。广赤眼蜂。

(2)毒性。对人无过敏或其他有害反应。

(3)作用特点。广赤眼蜂属膜翅目赤眼蜂科。可寄生大多数鳞翅目昆虫的卵。雌蜂产卵于鳞翅目昆虫的卵内,尤其喜欢寄生新鲜的卵。孵化后的幼虫可直接取食卵壳内正在发育的寄主幼虫,并在卵壳内化蛹。羽化后的成虫以花蜜为食。成虫在羽化后不久即交配,受精卵可发育为雌蜂或雄蜂,而未受精的卵只能发育为雄蜂。雌蜂一生(5~14天)可产50多粒卵。从卵到成虫羽化的时间因温度不同而变化很大,最短为7天,最长可达20天。该寄生蜂一个生长季节可繁殖30多代,如果数量多,则可有效控制鳞翅目害虫的种群数量。雌蜂具有很强的飞行和搜寻寄主的能力。

(4)剂型。卵卡。

(二)使用方法

广泛用于露地和温室多种作物上的鳞翅目害虫,特别是美洲棉铃虫、美洲烟夜蛾和欧洲玉米螟。释放时将卵卡均匀挂于田间植株上,根据害虫的发生情况释放量为 12 000 ~ 50 000 头/小时平方米。可用性诱剂监测田间鳞翅目害虫的种群动态。由于赤眼蜂的活动和扩散能力受风的影响较大,因此在放蜂时既要布点均匀,又应在上风头适当增加放蜂点的放蜂量。在释放赤眼蜂期间避免喷洒杀虫药剂。

(三)注意事项

(1)要准确掌握蜂的发育进度,应在后蛹期(个别出蜂)施放,即放到田间后 1 天便大量出蜂。

(2)在规定放蜂的那天若遇小雨,必要时可冒雨放蜂。如因大雨不能放蜂而又羽化爬出壳时,可将蜂卵放在地下室或土窖内,并悬挂蘸有 20% 蜜糖水的白纸喂养,并用黑布遮盖,放在阴凉处暂存。雨后把纸条轻轻取出,分挂在各放蜂点上。寄生卵可分装在放蜂器内,挂在放蜂点玉米叶基部,并用叶片覆盖,防止暴晒。

(3)蜂卵卡在取运时,须用透气的纸袋,忌用塑料袋,以防闷死蜂。

二、丽蚜小蜂

(一)简介

(1)通用名称。丽蚜小蜂。

(2)毒性。对人、畜和天敌无毒无害,无残留,不污染环境。

(3)作用特点。丽蚜小蜂属膜翅目蚜小蜂科,是温室白粉虱的专性寄生天敌昆虫。丽蚜小蜂在温室中通常可存活 10 ~ 15 天,成蜂为了获得营养可直接刺吸粉虱若虫的体液而造成粉虱死亡,并可在粉虱 3 ~ 4 龄若虫体内产卵寄生,到粉虱若虫 4 龄后因丽蚜小蜂卵发育快而引起粉虱死亡。丽蚜小蜂一生产卵最高达196粒,最低为89粒,平均128粒。日产卵平均5.5粒。丽蚜小蜂成虫活泼,搜寻粉虱的能力强,扩散半径可达100米以上,故在温室内放入丽蚜小蜂可有效地防治温室白粉虱,并且无公害、无污染。

(4)剂型。蛹卡。因制作蛹卡形式不同,分为卡片式蛹卡、书本式蛹卡和袋卡等。

(二)使用方法

(1)放蜂方法。将商品蛹卡挂在植株的叶柄上或架条上。

(2)放蜂时间。在温室白粉虱发生初期、虫量较少时放蜂,使粉虱和丽蚜小蜂之间一直能保持平衡状态。

(3)放蜂数量、次数。平均单株粉虱成虫0.5头以下时,每亩放蜂1次,释放500~1 000头;平均单株粉虱成虫0.5~1头时,每亩释放小蜂5 000头;每株有粉虱成虫1~5头时,每亩释放小蜂1万头,分2次释放。

(三)注意事项

(1)蛹卡的贮存温度在11~13℃,可贮存20天;黑蛹贮存后2~3天即开始羽化。

(2)丽蚜小蜂释放后,在蛹期用农药百菌清、乙膦铝、硫菌灵(托布津)、甲霜灵(瑞毒霉)、三唑酮(粉锈宁)等对丽蚜小蜂的羽化影响不大。因此,在释放小蜂后,可选择使用。在蛹期使用,仍可达到防治效果。但菊酯类杀虫剂、氧乐果和乐果可将小蜂全部杀死,应严禁使用。

三、食蚜瘿蚊

(一)简介

(1)通用名称。食蚜瘿蚊。

(2)毒性。食蚜瘿蚊对人、畜无毒无害,不为害其他天敌昆虫,不污染环境。

（3）作用特点。食蚜瘿蚊属瘿蚊科,主要以棉蚜或其他蚜虫进行人工扩繁,也常用甜椒、茄子或大豆饲养的桃蚜或豆蚜繁殖。成虫多于晚上或黄昏出来活动,如交配、产卵等。白天一般隐藏在作物叶片背面或近地面的蜘蛛网下。捕食蚜虫时,先将一种麻痹毒素注入蚜虫体内,使其体内的物质溶解(不到10分钟)后再吸食。随着幼虫生长,对蚜虫的捕食量也增大。当蚜虫大量存在时,其杀死的蚜虫远远多于被其吃掉的蚜虫。秋季随日照变短和气温降低,食蚜瘿蚊的老熟幼虫钻入地下2厘米处结茧进入滞育。在温室中可通过补充照明(60W/200平方米)而避免其滞育。食蚜瘿蚊的整个幼虫阶段可捕食10~100头蚜虫。其最佳捕食温度为19~28℃。成虫以蜜露为食。雌蚊具有很强的搜索能力,能很容易地找到被蚜虫为害的植株。蚜虫种群数量越大越适合其产卵,从而能使瘿蚊迅速扩散到整个温室。

（4）剂型。瓶装的蛹与蛭石的混合物,裹以潮湿的棉花。也有成虫出售。

（二）使用方法

用于防治温室内番茄、黄瓜、辣椒等蔬菜上的各种蚜虫,也可用于观赏植物上的蚜虫防治,还可用于家庭花园或果园中。建议在田间蚜虫局部发生时就尽早使用,每株植物上释放1~6头瘿蚊(或按瘿蚊和蚜虫1:6的比例),每周1次,连续释放2~4周。打开包装后,继续给包装材料保湿2周,以保证蛹全部羽化。大面积应用时平均释放1~4头/平方米,但应适当增加释放频率。

（三）注意事项

（1）在蚜虫发生初期释放,使食蚜瘿蚊幼虫孵出后即获得食料。

（2）在释放的温室和大棚内,不宜再喷洒杀虫剂,防止杀伤食蚜瘿蚊。

（3）购入的食蚜瘿蚊虫盒不能及时使用时，可放在冰箱低温室保存。在1℃条件下，可保存1个月；在5℃条件下，可保存8个月。

（4）不要用水管直接给作物喷水，以免将瘿蚊幼虫冲掉。可与其他蚜虫寄生性天敌配合使用。

四、中华草蛉

（一）简介

（1）通用名称。中华草蛉。

（2）其他名称。草蜻蛉、蚜狮。

（3）毒性。中华草蛉对人、畜和天敌动物无毒、无害，无残留，也不污染环境。

（4）作用特点。中华草蛉是草蛉科天敌昆虫，抗逆性和捕食能力强，自然分布区域广。中华草蛉成虫捕食叶螨及鳞翅目害虫的卵，对蚜虫的捕食不如其幼虫。幼虫的活动力很强，捕食范围广，包括蚜虫、叶螨、粉虱以及多种鳞翅目害虫的低龄幼虫和卵，如地老虎、棉铃虫、斜纹夜蛾、造桥虫等。中华草蛉幼虫对柑橘全爪螨的捕食量在整个幼虫期为1 013～2 381头，平均为1 435头；对麦蚜的捕食量为71～165头，平均为138头；对橘蚜的捕食量为164～673头，平均为349头。据研究，中华草蛉幼虫对猎物有较强选择性。其喜食的顺序是棉蚜＞棉铃虫卵＞棉铃虫初孵幼虫。中华草蛉成虫的寿命春季为50～60天，夏季为30～40天，雌虫寿命比雄虫长。

（5）剂型。成虫、幼虫、卵箔。

（二）使用方法

主要用于防治棉铃虫、棉小造桥虫、棉叶螨、棉蚜、玉米螟、山楂叶螨、柑橘全爪螨、白粉虱等。

（1）释放成虫。在露地大田释放成虫后容易逃走，且易被鸟类等捕食,故多在温室、大棚等保护地释放。一般按益害虫之比 1:(15~20)投放,或每株放 3~5 头,隔 1 周后再放,共放 2~4 次。

(2)释放幼虫。单头释放是将刚孵化的幼虫,用毛笔挑起放到发生害虫的植株上;多头释放是将快要孵化的灰卵用刀片刮下,另用小玻璃瓶或小型塑料袋,装入适量的无味锯末,按亩 50 克锯末接入草蛉灰卵 500~1 000 粒,并加入适量的蚜虫或米蛾卵(1:5~1:10 的比例)作饲料。用纱布扎住瓶口或袋口,放 25℃条件下待其孵化,当有 80% 的卵孵化时即可释放,撒到植株中、上部,或用塑料袋,内装 2/3 容量的细纸条,按一定比例加入草蛉卵和饲料,待草蛉孵化后,取出纸条分别挂在植株上,使纸条上的幼虫迁至植株叶片定居,发挥捕食作用。释放数量和次数同成虫。

(3)释放卵箔。将粘有粒的卵箔,剪成小纸条状,每条上有卵 10~20 粒,隔一定距离,用塑料胶带粘在作物叶面,待幼虫孵出后捕食害虫。一般每亩保护地释放卵 8 万粒左右,对控制温室白粉虱效果良好。

(三)注意事项

(1)草蛉的释放主要在保护地的温室、大棚内进行。有条件的果园也可应用,但释放量应适当增加。

(2)购入不同剂型的草蛉,均应及时释放,尽可能避免贮藏。

(3)释放时要注意均匀分布,保证防效。

(4)在释放草蛉后,不宜再用杀虫剂喷施。

五、普通草蛉

(一)简介

(1)通用名称。普通草蛉。

(2)毒性。对人无过敏或其他有害反应,但幼虫偶尔会刺人。

(3)作用特点。普通草蛉属草蛉科昆虫。以蚜虫或人工调料扩繁。雌成虫产卵于作物叶背面。幼虫以蚜虫为食,且善于用取食后的猎物残渣隐藏自己。羽化后的成虫只取食花蜜和花粉。1 头幼虫可捕食 400 多头蚜虫,老熟幼虫平均每天可捕食 30~50 头蚜虫。每头雌成虫可产卵 100 粒以上。幼虫的捕食期为 3~4 周,其间蜕皮 3 次,然后化蛹,7 天后羽化为成虫。成虫 6 天后开始产卵,一般可存活 14 天左右。普通草蛉是蚜虫和其他一些昆虫的非常有效的捕食性天敌,因此在捕食植食性害虫时也会攻击一些有益昆虫。但绝大部分益虫比普通草蛉行动快,从而避免被捕食。该草蛉也有同类相残的现象。

(4)剂型。一般为幼虫,多个装于同一容器中或装于具有多个小格的纸板盒中,每小格中一头。有时也将卵与麸皮、米壳或其他材料混合后出售,同时加一些蛾卵作为幼虫孵化后的饲料。

(二)使用方法

特别适合防治在花室内为害的昆虫。可用于防治保护地或露地作物(如草莓、啤酒花等作物)上的各种蚜虫,也捕食许多行动迟缓、体壁柔软的节肢动物(如白粉虱、介壳虫、蓟马、螨类、甲虫和鳞翅目昆虫)的卵等。按草蛉(幼虫或卵)和蚜虫为1:10 的比例释放,或 5 头/平方米,两周 1 次。但释放频率太高则可能导致较大的幼虫吃掉较小的幼虫。普通草蛉的卵和幼虫也可以通过飞机用专门撒播花粉的设备释放。常用于防治局部严重发生的害虫。

(三)注意事项

(1)蚂蚁可取食草蛉的卵,因此,应注意控制蚂蚁。

(2)由于草蛉具有很强的攻击性,因此应避免与其他天敌昆虫同时释放。

(3)避免在农药有效期内释放。

(4)成虫最多可于冰箱中冷藏 2 天,蛹在常温下贮存不应超过 5 天。

六、七星瓢虫

(一)简介

(1)通用名称。七星瓢虫。

(2)其他名称。花大姐、麦大夫、豆瓣虫。

(3)毒性。七星瓢虫对人、畜和天敌动物无毒,无害,无残留,不污染环境。

(4)作用特点。七星瓢虫是瓢虫科的昆虫,20世纪90年代开始人工繁殖,并用于生产。七星瓢虫以鞘翅上有7个黑色斑点而得名。每年发生世代数因地区不同而异。例如,在河南安阳地区每年发生2~4代。七星瓢虫成虫寿命长,平均77天,以成虫和幼虫捕食蚜虫、叶螨、白粉虱、玉米螟、棉铃虫等的小幼虫和卵。七星瓢虫1头雌虫可产卵567~4 475粒,平均每天产卵78.4粒,最多可达197粒。七星瓢虫取食量的大小与气温和猎物密度有关。以捕食蚜虫为例,在猎物密度较低时,捕食量随密度上升而呈指数增长;在密度较高时,捕食量则接近极限水平。气温高的条件下,影响七星瓢虫和猎物的活动能力,捕食率提高。据统计,七星瓢虫对烟蚜的平均日取食量为:1龄10.7头,2龄33.7头,3龄60.5头,4龄124.5头,成虫130.8头。七星瓢虫近80天的生命期可取食上万头蚜虫。

(5)剂型。成虫、蛹筒、幼虫筒、卵液。

(二)使用方法

七星瓢虫在大田和保护地均可使用。释放虫期一般为成虫期和蛹期,在适宜气候条件下,也可释放大龄幼虫。在温室、大棚等保护地,也可释放卵液。

(1)释放成虫。成虫的释放一般应选在傍晚进行,利用当时气温较低、光线较暗的条件,释放出去的成虫不易迁飞。在成虫释放前应对其进行24~48小时的饥饿处理或冷水浸渍处理,降低其迁飞能力,提高捕食率。释放成虫 2 天内,不宜灌水、中耕等,以防迁飞。释放成虫后及时进行田间调查,以瓢蚜比为 1:(150~200)时为宜,高于 200 时,则应补放一定数量成虫,降低瓢蚜比,以保证防效。释放成虫的数量,一般是每亩放 200~250 头。靠近村屯的大田,七星瓢虫释放后,易受麻雀、小鸡等捕食,可适当增加释放虫量。在温室、大棚等保护地,可通过采点调查,计算出当时温室、大棚内的蚜虫总量,按 1 头瓢虫控制 150~200 头蚜虫释放成虫。

(2)释放蛹。一般的蚜虫高峰期前 3~5 天释放。将七星瓢虫化蛹的纸筒或刨花挂在田间植物中、上部。10 天内不宜耕作活动,以保证成虫生长和捕食,提高防效。

(3)释放幼虫。在气温高的条件下,例如,气温在 20~27℃,夜间 >10℃时,释放幼虫效果好。方法是将带有幼虫的纸筒或刨花,采点悬挂在植株中、上部即可。可在田间适量喷洒 1%~5% 蔗糖水或将蘸有蔗糖水的棉球,同幼虫一起放于田间,供给营养以提高成活率和捕食力。

(4)释放卵。在环境比较稳定的田块或保护地,气温又较高(不低于20℃)的条件下,可以释放卵。释放时将卵块用温水浸渍,使卵散于水中。然后补充适量不低于20℃的温水,再用喷壶或摘下喷头的喷雾器,将卵液喷到植株中、上部叶片上。喷洒卵液后 10 天内不宜在垄间进行农事活动,以保证卵孵化,并提高成活率。释放的瓢蚜比应适当降低,一般为 1:(10~20)为宜。

(三)注意事项

(1)在购入不同剂型的七星瓢虫后,应及时释放到田间。

(2)释放后要进行田间调查。在瓢蚜比过低时,应酌情补放。

七、异色瓢虫

(一)简介

(1)通用名称。异色瓢虫。

（2）毒性。对人无过敏或其他有害反应。

（3）作用特点。属瓢虫科昆虫，用螟蛾卵或蚜虫人工扩繁。幼虫在气温高于11～12℃时活动频繁。在食物缺乏时，幼虫会自相残杀。成虫不取食也可以存活几天。整个幼虫阶段和成虫均可捕食蚜虫，也可以取食介壳虫和鳞翅目昆虫的卵。雌成虫在其存活的2～3个月中，平均每天产卵20粒左右。在25℃时，从卵孵化到成虫羽化约需15～20天。该瓢虫移动性很强，可在很大范围内搜寻寄主，迅速控制蚜虫的数量，其速度与使用化学农药相当。

（4）剂型。盒装的幼虫，并带有食物（一般为粉螟卵），以供运输过程中取食。

（二）使用方法

用于防治保护地作物和观赏植物上的多种蚜虫。一般释放的为2龄或3龄幼虫，释放量因植株大小及蚜虫为害程度的不同而异，以瓢蚜比为1:150时为宜，高于150时，则应补放一定数量成虫。

（三）注意事项

（1）释放前和释放后的1个月内避免喷洒农药。

（2）幼虫贮存于阴凉黑暗处，避免阳光直射。在上述推荐条件下可贮存几天。

第三节　昆虫信息素

一、甜菜夜蛾性信息素

（一）简介

（1）通用名称。甜菜夜蛾性信息素。

（2）毒性。低毒性引诱杀虫剂。

(3)作用特点。甜菜夜蛾性信息素有两种成分:即(Z,E)-9,12-十四碳二烯-1-乙酸酯与(Z)-9,12-十四碳烯-1-乙酸酯。雄虫可沿着雌虫释放的性信息素寻找雌虫。诱捕器中性信息素易挥发,可诱捕雄虫,也可干扰雄虫对雌虫的寻找,从而减少交配。商品化制剂可有效控制甜菜夜蛾种群在经济允许水平之下。

(4)剂型。缓释剂。产品中信息素(Z,E)-9,12-十四碳二烯-1-乙酸酯与(Z)-9,12十四碳烯-1-乙酸酯的比例是70:30,信息素纯度大于95%。

(二)使用方法

用于蔬菜田,如辣椒和洋葱甜菜夜蛾的控制。在蔬菜田内,将信息素缓释剂固定于植物或木棍上,每小时平方米放500个,不需要添加化学杀虫剂,但诱捕时可与化学杀虫剂联合使用。

二、小菜蛾性信息素

(一)简介

(1)通用名称。小菜蛾性信息素。

(2)毒性。低毒性引诱杀虫剂。

(3)作用特点。雄虫可沿着雌虫释放的信息素寻找雌虫交配。该信息素产品可干扰雄虫对雌虫的寻找,从而减少交配。研究表明,在经济允许水平下,商品化制剂可有效控制小菜夜蛾为害。

(4)剂型。塑料薄片、塑料栅栏片和塑料管制剂。商品化的信息素产品中(Z)-11-十六碳烯醛:(Z)-9-十四碳烯醛是50:50。信息素纯度大于95%。

(二)使用方法

应用于十字花科蔬菜小菜蛾的控制。将信息素诱芯固定于离地面20厘米高度的棍上,每小时平方米放500个片剂,为干扰交配时则不需要用其他化学农药,但诱捕时可与其他化学农药一起应用。

三、洋葱羽蛾性信息素

(一)简介

(1)通用名称。洋葱羽蛾性信息素。

(2)毒性。低毒性引诱杀虫剂。

(3)作用特点。洋葱羽蛾雄虫可沿着雌虫释放的性信息素寻找雌虫交配。应用该信息素可干扰雄虫对雌虫的寻找过程,或使雄虫迷向,最终阻止交配,达到防治目的。洋葱羽蛾性信息素在较低的含量下,就可干扰交配。(Z)-11-十六碳烯醛易挥发,很容易弥漫于作物田。

(4)剂型。缓释喷洒塑料管。(Z)-11-十六碳烯醛纯度>95%。

(二)使用方法

用于蔬菜田防治洋葱羽蛾。成虫羽化期喷洒缓释制剂到作物上可达到保护效果。不宜与其他化学杀虫剂联合使用。

四、瓜大实蝇性信息素

(一)简介

(1)通用名称。瓜大实蝇性信息素。

(2)毒性。低毒性引诱杀虫剂。

(3)作用特点。瓜大实蝇性信息素可吸引瓜大实蝇雌虫,常用于吸引雌虫到诱捕器。

(4)信息素剂型诱捕器。信息素纯度>95%。

(二)使用方法

用于西瓜和其他葫芦科植物田防治瓜大实蝇。策略是将信息素缓释诱捕器置于雌虫飞行的途径。常使用棍型诱捕器诱捕成虫或在诱饵中添加速效性触杀剂。每小时平方米放 500 个，可与其他化学农药一起使用。

五、苹果小卷叶蛾性信息素

(一)简介

(1)通用名称。苹果小卷叶蛾性信息素。

(2)毒性。低毒性引诱杀虫剂。

(3)作用特点。雄虫可通过未交配雌虫释放的信息素寻找雌虫交配。应用苹果小卷叶蛾性信息素，干扰交配，达到防治目的。天然的苹果小卷叶蛾性信息素包括一系列化合物，其中某些能够提高引诱性，如(E,E) – 8,10 十二碳二烯 – 1 – 醇，另外一些则可减少对雄虫的吸引力，如(E,E) – 8,10 – 十二碳二烯 – 1 – 乙酸酯。苹果小卷叶蛾性信息素易挥发，便于在作物上分布，在较低剂量下，苹果小卷叶蛾性信息素就可干扰交配。苹果小卷叶蛾性信息素能够在经济危害阈限之内有效地控制苹果小卷叶蛾的种群数量。该信息素还可用以监测苹果小卷叶娥的发生动态，以便于在昆虫幼虫最敏感的阶段进行生物防治。

(4)剂型。可缓慢释放激素气体的线圈或聚乙烯胶囊、片状塑料、塑料管等。苹果小卷叶蛾性信息素为纯品，常用于干扰交配的典型组成为 62.5% 苹果小卷叶蛾性信息素、31.5% 十二碳 – 1 – 醇和 6% 十四烷醇。

(二)使用方法

推荐使用于仁果类果树，如苹果、梨和山楂园，对苹果小卷叶蛾很有效。在出芽到小果期间将缓释容器在果园间隔安放，使性激素扩散到空中并分布到整个果园，每亩放 60 ~ 139 个片剂，诱芯应每 5 周更换 1 次。

（三）注意事项

苹果小卷叶蛾性信息素可与触杀性杀虫剂如拟除虫菊酯一起使用。

六、桃条麦蛾性信息素

（一）简介

（1）通用名称。桃条麦蛾性信息素。

（2）毒性。低毒性引诱杀虫剂。

（3）作用特点。桃条麦蛾性激素是由（E）-5-癸烷烯乙酸酯和（E）-5-癸烷烯醇混合组成,雄虫通过未交配雌虫释放的信息素寻找雌虫交配。使用该信息素产品,可导致雄虫寻偶失败,阻止交配达到防治的目的。（E）-5-癸烷烯乙酸酯和（E）-5-癸烷烯醇易挥发,很容易在作物田分布,在较低的浓度下,可干扰交配。该信息素在经济危害阈值之下可有效地控制桃条麦蛾的种群数量。

（4）剂型。聚乙烯胺胶囊缓释剂、喷洒液剂。

（二）使用方法

按照每小时平方米500个片剂的密度将缓释剂固定在果园桃树上。

第四节　微生物杀虫剂

一、苏云金杆菌

（一）简介

（1）通用名称。苏云金杆菌。

（2）拉丁文学名。*Bacillus thuringiensis*。

（3）其他名称。B.t.。

（4）毒性。低毒杀虫剂。对人、畜、禽、鱼、蜂无害。

（5）作用特点。苏云金杆菌制剂具有胃毒作用，是一种广谱生物杀虫剂，能防治上百种害虫，可用于防治直翅目、鞘翅目、双翅目、膜翅目等害虫。苏云金杆菌进入昆虫消化道后，可产生两大类毒素：内毒素（即伴孢晶体）和外毒素（α、β、γ 外毒素）。伴孢晶体是主要的毒素，它被昆虫碱性肠液破坏成较小单位的 δ - 内毒素，使中肠停止蠕动、瘫痪，中肠上皮细胞解离，停食。芽孢则在中肠中萌发，经被破坏的肠壁进入血腔，大量繁殖，使虫得败血症而死。外毒素作用缓慢，而在蜕皮和变态时作用明显，这两个时期正是 RNA 合成的高峰，外毒素能抑制依赖于 DNA 的 RNA 聚合酶。苏云金杆菌制剂的速效性较差，对人、畜安全，对作物无药害，不伤害蜜蜂和其他昆虫，对蚕有毒。

（6）剂型。100 亿活芽孢/克可湿性粉剂，150 亿活芽孢/克可湿性粉剂，100 亿活芽孢/克悬浮剂。

（二）使用方法

（1）100 亿活芽孢/克苏云金杆菌可湿性粉剂的使用方法见下表。

100 亿活芽孢/克苏云金杆菌可湿性粉剂使用方法

应用作物	防治对象	用药量/（克/亩）	施用方法
茶树	茶毛虫等	100～500	喷雾
白菜、萝卜、青菜	小菜蛾、菜青虫	100～300	喷雾
枣树	尺蠖	250～300	喷雾
苹果树	巢蛾等	150～250	喷雾
梨树	天幕毛虫等	100～250	喷雾

（2）150 亿活芽孢/克苏云金杆菌可湿性粉剂使用方法见下表。

150 亿/克活芽孢苏云金杆菌可湿性粉剂使用方法

应用作物	防治对象	用药量/(克/亩)	施用方法
蔬菜	青虫、小菜蛾	100～150	喷雾
茶树	茶毛虫	100～150	喷雾
苹果树	巢蛾	100～150	喷雾
梨树、枣树	尺蠖等	100～150	喷雾

(三)注意事项

(1)苏云金杆菌制剂杀虫的速效性较差,使用时应较化学农药提前 2～3 天,即在卵孵盛期施药为最佳施药期。施药时温度高于 30℃效果更好。

(2)苏云金杆菌制剂不能与内吸性有机磷杀虫剂或杀菌剂混合使用。

(3)苏云金杆菌制剂对蚕毒力很强,在养蚕地区使用时,必须注意勿与蚕接触,养蚕区与施药区要保持一定的距离,以免使蚕中毒死亡。

(4)苏云金杆菌制剂应保存在低于 25℃的干燥阴凉仓库中,防止暴晒和潮湿,以免变质。

二、甜菜夜蛾核型多角体病毒

(一)简介

(1)通用名称。甜菜夜蛾核型多角体病毒。

(2)其他名称。SeNPV。

(3)毒性。低毒。对人、畜、禽、鱼、鸟等安全,且不会伤害天敌生物。

(4)作用特点。甜菜夜蛾核型多角体病毒被甜菜夜蛾取食后,即被害虫肠腔里的碱性分泌液所溶解,释放出病毒粒子,病毒在虫体内大量复制增殖,迅速扩散到害虫全身各个部位,急剧吞噬消耗虫体组织,导致害虫染病后全身化水而亡。死亡害虫体内的大量病毒,也可以通过在害虫种群中流行,而达到控制害虫为害的目的。连续使用,害虫也不会产生抗性。病毒对低龄幼虫的活性比对高龄幼虫的强。

(5)剂型。300亿PIB/克SeNPV水分散粒剂,30亿PIB/毫升SeNPV悬浮剂。

(二)使用方法

防治大田作物(包括棉花、蔬菜、葡萄、观赏植物)和温室作物(蔬菜、观赏植物)上的甜菜夜蛾。用甜菜夜蛾核型多角体病毒300亿PIB/克水分散粒剂2~3克,采用二次稀释法对水20~40千克,稀释成10 000~15 000倍液,在甜菜夜蛾的卵盛期喷雾进行防治。

(三)注意事项

(1)首次施药7天后再施1次,使田间保持高浓度的昆虫病毒。

(2)可与多数杀虫、杀菌剂混用,禁止与碱性物质混用。

(3)选择阴天或太阳落山后施药,避免因阳光直射而降低药效。

(4)应在阴凉干燥处保存,禁止暴晒或雨淋。

三、斜纹夜蛾核型多角体病毒

(一)简介

(1)通用名称。斜纹夜蛾核型多角体病毒。

(2)其他名称。SplNPV。

(3)毒性。低毒。对人、畜、禽、鱼、鸟等安全,且不会伤害天敌生物。

(4)作用特点。斜纹夜蛾核型多角体病毒被斜纹夜蛾取食后,即被害虫肠腔里的碱性分泌液所溶解,释放出病毒粒子,病毒在虫体内大量复制增殖,迅速扩散到害虫全身各个部位,急剧吞噬消耗虫体组织,导致害虫染病后全身化水而亡。死亡害虫体内的大量病毒,也可以通过在害虫种群中流行,而达到控制害虫为害的目的。连续使用,害虫也不会产生抗性。

（5）剂型。200亿PIB/克SeNPV水分散粒剂。

(二) 使用方法

防治露地及保护地蔬菜上发生的斜纹夜蛾。每亩每次用斜纹夜蛾核型多角体病毒200亿PIB/克水分散粒剂3~5克,采用二次稀释法对水20~40千克,稀释成10 000~15 000倍液,在斜纹夜蛾的卵盛期喷雾进行防治。

(三) 注意事项

（1）首次施药7天后再施1次,使田间保持高浓度的昆虫病毒。

（2）可与多数杀虫、杀菌剂混用,禁止与碱性物质混用。

（3）选择阴天或太阳落山后施药,避免因阳光直射而降低药效。当虫口密度大、世代重叠严重时,宜酌情加大用药量及用药次数。

（4）应在阴凉干燥处保存,禁止暴晒或雨淋。

四、小菜蛾颗粒体病毒

(一) 简介

（1）通用名称。小菜蛾颗粒体病毒。

（2）其他名称。PxGV。

（3）毒性。低毒。

（4）作用特点。该产品为昆虫病毒杀虫剂,其作用机理为该病毒在小菜蛾中肠中溶解,进入细胞核中复制、繁殖、感染细胞,使生理失调而死亡。对化学农药、B.t.已产生抗性的小菜蛾具有明显的防治效果,对人、畜、禽及天敌安全。

（5）剂型。300 亿 OB/毫升 PxGV 悬浮剂。

（二）使用方法

防治十字花科蔬菜上发生的小菜蛾,每亩每次用小菜蛾颗粒体病毒 300 亿 OB/毫升悬浮剂 20 ~ 40 毫升,加水 20 ~ 40 千克,卵盛期喷雾进行防治。

（三）注意事项

除杀菌剂农药外可与小剂量非碱性化学农药混配,可提高速效性。

五、银纹夜蛾核型多角体病毒

（一）简介

（1）通用名称。银纹夜蛾核型多角体病毒。

（2）其他名称。奥绿一号。

（3）毒性。低毒。

（4）作用特点。该药为昆虫病毒杀虫剂。杀虫谱广,对为害蔬菜等农作物的鳞翅目害虫有较好的防治效果,具有低毒、药效持久、对害虫不易产生抗性等特点。

（5）剂型。10 亿 PIB/毫升悬浮剂。

（二）使用方法

防治十字花科蔬菜甜菜夜蛾,亩用制剂 100 ~ 150 毫升,加水 50 千克均匀喷雾。应于傍晚或阴天、低龄幼虫高峰期施药。

（三）注意事项

本品不能与酸碱物质混合存放。

六、菜青虫颗粒体病毒

（一）简介

（1）通用名称。菜青虫颗粒体病毒。

（2）其他名称。菜青虫病毒。

（3）毒性。低毒。专化性很强，对人、畜安全，对蜜蜂和天敌昆虫等无害。

（4）作用特点。颗粒体病毒经害虫取食后直接作用于害虫幼虫的脂肪体和中肠细胞核，并迅速复制，导致体液绿色，最后变成黄白色，体节肿胀，食欲不振，最后停食死亡。死虫体壁常流出白色无臭液体。该病毒通过病虫粪便及死虫感染其他健虫，在田间引起"瘟疫"，导致大量幼虫死亡。该病毒专化性强，只对靶标害虫有效，不影响害虫的天敌，不污染环境，持效期长。

（5）剂型。浓缩粉剂。

（二）使用方法

菜青虫颗粒体病毒可用于防治菜青虫、小菜蛾、银纹夜蛾、粉纹夜蛾、甜菜夜蛾、菜螟、斜纹夜蛾、棉铃虫、棉造桥虫、棉红铃虫、茶尺蠖、茶卷叶螟等害虫。

（1）防治菜青虫、小菜蛾、银纹夜蛾、菜螟等。每亩用粉剂40~60克，对水稀释为750倍液，在幼虫3龄前，于阴天或晴天16时后喷雾，持效期为10~15天。施药期以卵高峰期最佳，不得迟于幼虫3龄前，虫龄大时防效差。喷药时叶片正、反面均要喷到。

（2）对死亡的虫尸，可以收集起来集中捣烂，过滤后将滤液对水200倍液喷于田间仍可杀死害虫。每亩利用五龄死虫20~30条即可。

（三）注意事项

（1）本剂不能与碱性农药混用。

（2）贮存在阴凉、干燥处，防止受潮。

七、阿维菌素

（一）简介

（1）通用名称。阿维菌素。

（2）英文通用名称。*abamectin*。

（3）毒性。本剂对人、畜高毒。原药对小白鼠急性经口毒性 LD_{50} 为 13.6 毫克/千克。本剂直接对蜜蜂处理有毒害,但由于在叶面迅速消散,当叶面施药几小时后对蜜蜂基本无毒。

（4）作用特点。阿维菌素是由链霉菌产生的新型的大环内酯类杀虫抗生素,具有高效广谱的杀虫、杀螨、杀线虫活性,具有如下杀虫特点。

①高效、广谱:一次施药可以防治多种害虫,如叶螨、食叶害虫、蛾类害虫、钻蛀性害虫等,对螨类效果最好。

②杀虫速度慢,持效期较长:对害虫以胃毒作用为主,兼有触杀作用。昆虫幼虫和螨类成虫、若虫与药剂接触后即出现麻痹症状,不活动,不取食,2～4 天后死亡,因不引起昆虫迅速脱水,所以致死作用较缓慢。但由于阿维菌素有很强的渗透性,可杀死表皮内的害虫。它能渗入到植物体内的药剂存留时间较长,因而其持效期较长。

③阿维菌素对大多数天敌较为安全:它很容易渗透进入植物体内,在植物体外遗留较少,因而对天敌损伤较小。

④阿维菌素是一种细菌代谢分泌物:在环境中易降解,因而其环境相容性较好。

⑤阿维菌素是一种高毒杀虫、杀螨剂:但由于其加工制剂含量较低,而且常稀释达 3 000 倍以上,因此,该药剂的使用对人、畜也是比较安全的。

⑥该杀虫剂主要作用于昆虫 γ - 氨基丁酸 A 型受体,抑制 γ - 氨基丁酸活化的氯离子流,具有与常用的有机磷、氨基甲酸酯及拟除虫菊酯类杀虫剂完全不同的作用机制,因而与上述杀虫剂之间不易产生交互抗性。

（5）剂型。1.8%、0.9%、0.5% 乳油等。

（二）使用方法

（1）落叶果树

①防治螨类等:阿维菌素在北方落叶果树上主要用来防治各种害螨,如二斑叶螨、苹果全爪螨、山楂叶螨、李始叶螨等,对蚜虫、金纹细蛾、潜叶蛾也有较好的防治效果。阿维菌素防治苹果全爪螨和山楂叶螨,可在苹果落花后 7 ~ 10 天两种害螨集中发生期喷布 1.8% 乳油 5 000 倍液,防效高,有效控制期可达 30 天左右。若在夏季各虫态混合发生期螨卵数量较大时使用,或防治二斑叶螨,虽然能迅速控制为害,但因其杀卵效果差,初孵幼螨很快发育和繁殖,田间有效控制期明显缩短,应注意与其他杀卵活性高的杀螨剂混用,以延长控制时间。

②防治梨木虱等:一般在各代梨木虱幼虫、若虫为害盛期喷布 1.8% 乳油 4 000 ~ 5 000 倍液或 0.9% 乳油 2 000 ~ 3 000 倍液,有效控制期在 15 ~ 20 天。

③用相同的剂量也可有效地防治苹果绣线菊蚜、金纹细蛾、桃潜叶蛾等主要害虫。

(2)防治蔬菜害虫

①防治菜青虫、甜菜夜蛾:可用 1.8% 乳油 3 000 ~ 4 000 倍液,均匀喷雾,持效期 7 ~ 10 天。

②防治叶螨、茶黄螨等害螨:可用 1.8% 乳油 6 000 ~ 8 000 倍液均匀喷雾,防效可达 90% ~ 100%,持效期达 15 ~ 30 天。

③防治潜叶蝇、潜叶蛾等害虫:可用 1.8% 乳油 3 000 ~ 4 000 倍液均匀喷雾,防效可达 90% 以上。

④防治小菜蛾:可用 1.8% 乳油 2 500 ~ 3 500 倍液,均匀喷雾。

⑤防治黄瓜根结线虫病:每亩用 1.8% 齐螨素乳油 1 毫升或 0.9% 阿维菌素乳油 2 毫升加水 2 ~ 3 千克喷浇地面,或用 8 ~ 9 毫升/升的溶液浇灌株穴,其残效期可达 60 天左右,防效可达 80% 以上。

八、多杀霉素

(一)简介

(1)通用名称。多杀霉素。

(2)其他名称。菜喜,催杀。

(3)毒性。低毒。

(4)作用特点。本产品是从放射菌代谢物提纯出来的生物源杀虫剂,毒性极低,可防治小菜蛾、甜菜夜蛾及蓟马等害虫。喷药后当天即见效果,杀虫速度可与化学农药相媲美,非一般的生物杀虫剂可比。中国及美国农业部登记的安全采收期都只是1天,最适合无公害蔬菜生产应用。

(5)剂型。48%悬浮剂,2.5%悬浮剂。

(二)使用方法

(1)防治小菜蛾。在甘蓝莲座期,小菜蛾处于低龄幼虫期时施药,每亩用2.5%此药悬浮剂40~50毫升,对水40千克喷雾。

(2)防治甜菜夜蛾。于低龄幼虫期时施药,每亩用2.5%菜喜悬浮剂50~100毫升对水40千克喷雾,傍晚施药防虫效果最好。

(3)防治蓟马。在蓟马发生期,每亩用2.5%菜喜33~50毫升或用2.5%菜喜1 000~1 500倍液均匀喷雾,重点喷洒幼嫩组织如花、幼果、顶尖及嫩梢等。

九、甲氨基阿维菌素苯甲酸盐

(一)简介

(1)通用名称。甲氨基阿维菌素苯甲酸盐。

(2)其他名称。埃玛菌素、威克达、力虫晶、绿卡一。

（3）毒性。原药为中等毒性，制剂为低毒。对大多数节肢动物益虫安全，在常规剂量下对人、畜安全，具有易于降解的特点，不易污染环境。

（4）作用特点。甲氨基阿维菌素苯甲酸盐是近年来从发酵产品阿维菌素 B_1 为母体半人工合成的一种新型的高效杀虫、杀螨剂，属大环内酯双糖类化合物。其作用方式主要为胃毒作用，兼具有触杀作用。高效广谱，与母体阿维菌素相比对鳞翅目害虫幼虫的活性普遍提高，杀虫谱变宽，对哺乳动物的毒性由高毒降为中等毒性。其作用机理是 r - 氨基丁酸受体激活剂，使氯离子大量进入突触后膜，产生超级化，从而阻断运动神经信息的传递过程，使害虫中央神经系统的信号不能被运动神经元接受。作用机理独特，不易使害虫产生抗药性。对于其他农药已产生抗性的害虫仍有高效。害虫在几小时内迅速麻痹、拒食，直至慢慢死亡。药剂可以渗透到目标作物的表皮，形成一个有效成分的贮存层，持效期长。制剂对作物安全，经多次田间和温室试验：0.5%甲维盐乳油使用 1 000～3 000 倍液对棉花、甘蓝、菜花、大豆等作物安全，没有产生任何的植物药害症状。

（5）剂型。0.2%高渗微乳剂，1%乳油，0.2%高渗乳油，0.2%高渗可溶性粉剂。

（二）使用方法

对多种鳞翅目、同翅目害虫及螨类具有很高活性，对一些已产生抗性的害虫如小菜蛾、甜菜夜蛾及棉铃虫等也具有极高的防治效果。

（1）小菜蛾、菜青虫的防治。每亩用1%乳油药量为40～60克，对水 40～50 千克均匀喷雾。

（2）甜菜夜蛾的防治。每亩用1%乳油药量为40～60克，对水 50 千克均匀喷雾。

(三)注意事项

(1)对鱼类、水生生物敏感,对蜜蜂高毒,使用时避开蜜蜂采蜜期,不能在池塘、河流等水面用药或不能让药水流入水域。

(2)提倡轮换使用不同类别或不同作用机理的杀虫剂,以延缓抗性的发生。

(3)禁止和百菌清、代森锌混用。

第五节　生物化学杀虫剂

一、氟铃脲

(一)简介

(1)通用名称。氟铃脲。

(2)商品名称。盖虫散,太保,果蔬保,六伏隆。

(3)毒性。无毒级农药,对皮肤、眼睛无刺激作用,对蜜蜂低毒,但对家蚕、鱼及水生生物毒性较高。

(4)作用特点。本品属于昆虫几丁质合成抑制剂,作用机制主要是抑制几丁质合成,阻碍昆虫正常蜕皮,使卵的孵化、幼虫蜕皮以及蛹发育畸形,成虫羽化受阻而发挥杀虫作用。它对鳞翅目害虫如烟青虫、棉铃虫有特效,同时对夜蛾科的其他害虫如斜纹夜蛾、甜菜夜蛾、小地老虎的防治效果也较好,但对螨类无效。击倒力强,并具有较高的接触杀卵活性。

(5)剂型。5%乳油。

(二)使用方法

可防治对有机磷、拟除虫菊酯类农药产生抗性的害虫。

(1)防治菜青虫。用5%乳油2 000～3 000倍液喷雾,药后10～15天效果达90%以上。

（2）防治豆荚野螟。在卵孵盛期或幼虫钻蛀之前,每亩用5%乳油50~75毫升,对水40~60千克喷雾,10天后再喷1次,可有效防止豆荚受害。

（3）防治小菜蛾、甜菜夜蛾、斜纹夜蛾、小地老虎等。用5%乳油1 000~1 500倍液喷雾,药效可维持10~20天。

（三）注意事项

（1）对几丁质合成抑制剂产生抗性的地区应注意及时轮换,用其他无交互抗性的药剂如杀虫双、巴丹等。

（2）对食叶害虫,宜在低龄期施药;对钻蛀害虫,宜在卵孵化盛期施药。

二、杀铃脲

（一）简介

（1）通用名称。杀铃脲。

（2）商品名称。杀虫隆、灭幼脲4号、氟幼灵、杀虫脲。

（3）毒性。对人、畜微毒。

（4）作用特点。制剂的作用机制是抑制昆虫几丁质合成酶形成,干扰几丁质在表皮的沉积,导致昆虫不能正常蜕皮变态而死亡。以胃毒作用为主,有一定触杀作用,但无内吸作用,有较好杀卵作用。用于防治棉花、果树、蔬菜等作物上的害虫及卫生害虫。对双翅目和鞘翅目害虫有效,对鳞翅目害虫有特效。对有益生物安全。

（5）剂型。20%悬浮剂,1.5%乳油,25%可湿性粉剂。

（二）使用方法

（1）防治果树害虫。杀铃脲的防治对象与灭幼脲相同,在果树上除对金纹细蛾、桃潜叶蛾和柑橘潜叶蛾等潜叶蛾类防治效果突出外,对舞毒蛾、天幕毛虫、舟形毛虫、梨星毛虫、卷叶虫、美国白蛾、尺蠖、桃小食心虫、梨小食心虫等果树害虫,均有较好的防效。方法是用20%悬浮剂2 000～3 000倍液喷雾。

（2）防治甘蓝夜蛾、潜叶蛾、松毛虫、天幕毛虫等鳞翅目害虫。用20%悬乳剂2 500倍稀释液于2～3龄喷雾处理。一般3～4天显效。

（三）注意事项

（1）本品贮存有沉淀现象，摇匀后使用，不影响药效。

（2）为使其迅速显效，可同菊酯类农药配合使用，施药比为2∶1。

（3）不能与碱性农药混用。本品对虾、蟹幼体有害，对成体无害。

三、噻嗪酮

（一）简介

（1）通用名称。噻嗪酮。

（2）商品名称。优乐得、扑虱灵。

（3）毒性。低毒。

（4）作用特点。噻嗪酮是一种抑制昆虫生长发育的新型选择性杀虫剂，触杀作用强，也有胃毒作用、作用机制为抑制昆虫几丁质合成和干扰新陈代谢，致使若虫蜕皮畸形或翅畸形而缓慢死亡。一般施药后3～7天才能看出效果，对成虫没有直接杀伤力，但可缩短寿命、减少产卵量，并且产出的多是不育卵，幼虫即使孵化也很快死亡。对同翅目的飞虱、叶蝉、粉虱及介壳虫类害虫有良好防治效果，药效期长达30天以上，对天敌较安全，综合效应好。

（5）剂型。25%噻嗪酮可湿性粉剂。

（二）使用方法

（1）蔬菜害虫的防治。白粉虱等用25%可湿粉1 500～2 000倍液喷雾。

（2）茶叶害虫的防治。防治茶小绿叶蝉，于6～7月若虫高峰前期或春茶采摘后,用 25% 可湿性粉剂 750 ~ 1 500 倍喷雾,间隔 10 ~ 15 天喷第二次,亦可将 25% 可湿性粉剂 1 500 ~ 2 000 倍液与 5% 来福灵乳油 6 000 倍液混用。喷雾时应先喷茶园四周,然后喷中间。

(三)注意事项

(1)噻嗪酮应对水稀释后均匀喷雾。不可用毒土法使用。

(2)药液不宜直接接触白菜、萝卜,否则将出现褐斑及绿叶白化等药害。

(3)密封后存于阴凉干燥处,避免阳光直接照射。

四、氟啶脲

(一)简介

(1)通用名称。氟啶脲。

(2)商品名称。IKI 7899、抑太保、定虫脲。

(3)毒性。低毒。

(4)作用特点。氟啶脲是一种苯基甲酰基脲类新型杀虫剂,以胃毒作用为主,兼有触杀作用,无内吸性。作用机制主要是抑制几丁质合成,阻碍昆虫正常蜕皮,使卵的孵化、幼虫蜕皮以及蛹发育畸形、成虫羽化受阻而发挥杀虫作用。对害虫药效高,但作用速度较慢,幼虫接触药后不会很快死亡,但取食活动明显减弱,一般在药后 5 ~ 7 天才能充分发挥效果。对多种鳞翅目害虫以及直翅目、鞘翅目、膜翅目、双翅目等害虫有很高活性,但对蚜虫、叶蝉、飞虱等害虫无效;对有机磷、氨基甲酸酯、除虫菊酯等杀虫剂已产生抗性的害虫有良好的防治效果。

(5)剂型。5% 乳油。

(二)使用方法

(1)蔬菜害虫的防治

①防治小菜蛾:对花椰菜、甘蓝、青菜、大白菜等十字花科蔬

菜。幼虫主要在心叶及其生长点为害。防治适期应掌握在卵孵盛期至1~2龄幼虫盛发期,对生长中后期或莲座后期至包心期的叶菜,幼虫主要在中外部叶片为害,防治适期可掌握在2~3龄幼虫盛发期。用5%乳油1 000~2 000倍液喷雾。药后15~20天的杀虫效果可达90%以上。对拟除虫菊酯产生抗性的小菜蛾有良好的效果,使用5%乳油1 500~2 500倍液喷雾,药后10天左右的药效可达90%以上。

②防治菜青虫等:在2~3龄幼虫期,用5%乳油1 000~2 000倍液;药后10天的效果可达90%以上,用2 000~3 000倍液喷雾,药后10~15天也可达90%左右的防效。也可防治豆野螟、斜纹夜蛾、二十八星瓢虫等。

(2)果树害虫的防治:苹果桃小食心虫于产卵初期、初孵幼虫末入侵果实前开始施药,以后每隔5~7天施1次,共施药3~4次,用5%乳油1 000~2 000倍液喷雾。

(三)注意事项

(1)喷药时,要使药液湿润全部枝叶,才能充分发挥药效。

(2)施药适期应较一般有机磷、拟除虫菊酯类杀虫剂提早3天左右。在低龄幼虫期喷药。对钻蛀性害虫宜在产卵高峰至卵孵盛期施药,效果才好。

(3)如误服要喝1~2杯水,并立即送医院洗胃治疗,不要引吐。

五、除虫脲

(一)简介

(1)通用名称。除虫脲。

(2)商品名称。敌灭灵。

(3)毒性。低毒特异性杀虫剂。

(4)作用特点。除虫脲是苯甲酰基苯基脲类杀虫剂,主要是胃毒及触杀作用,抑制昆虫几丁质合成,使幼虫在蜕皮时不能形成新表皮,虫体畸形而死亡。对鳞翅目害虫有特效,对鞘翅目、双翅目多种害虫也有效。在有效用量下对植物无药害,对有益生物如鸟、鱼、虾、青蛙、蜜蜂、瓢虫、步甲、蜘蛛、草蛉、赤眼蜂、蚂蚁、寄生蝇等天敌无明显不良影响。对人、畜安全。

(5)剂型。20%悬浮剂,25%可湿性粉剂。

(二)使用方法

(1)蔬菜害虫的防治。防治菜青虫、小菜蛾,在幼虫发生初期,用20%悬浮剂1 500倍液喷雾。

(2)果、林、茶害虫的防治。对柑橘潜叶蛾、锈壁虱和木虱、苹果金纹细蛾、枣尺蠖、枣步曲、茶尺蠖、茶毛虫以及林木的松毛虫、天幕毛虫、美国白蛾、杨毒蛾、侧柏毒蛾等用20%悬浮剂1 500~2 000倍液喷雾。

本品与拟除虫菊酯杀虫剂混用,可加快杀虫速度,并兼治蚜虫,例如,每亩用20%悬浮剂10毫升,加20%氰戊菊酯或10%氯氰菊酯(5%高效氯氰菊酯)或2.5%溴氰菊酯乳油10~15毫升,加水喷雾。

(三)注意事项

(1)施药应掌握在幼虫低龄期,宜早期喷。要注意喷药质量,力求均匀不要漏喷。取药时要摇动药瓶,药液不能与碱性物质混合。贮存要避光。

(2)使用除虫脲应遵守一般农药使用安全操作规程。避免眼睛和皮肤接触药液,避免吸入该药尘和误食。如发生中毒时,可对症治疗,无特殊解毒剂。

六、灭蝇胺

(一)简介

(1)通用名称。灭蝇胺。

（2）商品名称。ArmOr，Betrazin，Larvadex。

（3）毒性。对人、畜低毒，对蜜蜂无毒。

（4）作用特点。灭蝇胺亦属几丁质合成抑制剂，具有内吸传导作用，也是一种昆虫生长调节剂。其对双翅目害虫有特殊活性，专用于防治各种蝇类。

（5）剂型。75%可湿性粉剂，10%悬浮剂。

（二）使用方法

植物斑潜蝇类害虫抗药性较强，幼虫潜蛀在叶表之下，一般药剂难于奏效，常可暴发成灾。灭蝇胺可致双翅目幼虫和蛹畸变，成虫羽化不全，因而对美洲斑潜蝇有良好防效，可用75%可湿性粉剂3 000倍液喷雾或1 000倍液灌根，对瓜类、番茄、豆科蔬菜上的斑潜蝇幼虫起到控制作用。本药剂对成虫无直接杀灭效果。防治黄瓜斑潜蝇，用10%悬浮剂每亩150克。

由于其在动物体内较稳定，且又毒性低，本品也可用于防治禽畜体内害虫及卫生害虫。

七、丁醚脲

（一）简介

（1）通用名称。丁醚脲。

（2）商品名称。宝路、杀螨脲、杀螨隆。

（3）毒性。低毒。

（4）作用特点。本品为新型硫脲杀虫、杀螨剂，可有效防治粉虱、蚜虫、叶蝉，植食螨和菜蛾等。具有内吸和熏蒸作用，在紫外光下转变为具杀虫活性的物质，宜在晴天使用。可与大多数杀虫、杀菌剂混用。对天敌的成虫安全。

（5）剂型。50%可湿性粉剂。

（二）使用方法

可用于棉花、果树、蔬菜、观赏植物、大豆等作物防治几乎所有的螨类、粉虱、小菜蛾、菜青虫、蚜虫、叶蝉、潜叶娥等害虫害螨。但对天敌较安全,使用剂量为有效成分 5~15 克/亩。持效期可达 21 天。如防治甘蓝小菜蛾,在小菜蛾发生"春峰"期(4~6 月)或甘蓝结球期及莲座期,小菜蛾 2~3 龄为主的幼虫盛发期施药,每公顷 50% 可湿性粉剂 651~975 克,加水 600~750 升喷雾。或用 50% 可湿性粉剂 1 500~2 000 倍液喷雾。也可用于防治菜粉蝶、夜蛾和抗性蚜虫、大叶蝉等。

(三) 注意事项

(1)本药剂宜在抗药性极为严重地区使用,不宜作为常规农药大面积长期、连续使用,只能在抗性达到失控程度,施用 1~2 次。

(2)如误服,可服活性炭或用催吐剂催吐,但切勿给昏迷者服用任何东西,无特效解毒药,对症治疗。

八、灭幼脲

(一) 简介

(1)通用名称。灭幼脲。
(2)商品名称。灭幼脲三号。
(3)毒性。低毒。
(4)作用特点。灭幼脲三号是苯甲酰基类的杀虫剂,其作用特点与伏虫脲同。该剂主要是胃毒作用,触杀次之,残效期达 15~20 天,耐雨水冲刷,在田间降解速度慢。对有益动物安全,适用于综合防治。
(5)剂型。25% 悬浮剂。

(二) 使用方法

(1)防治黏虫、松毛虫、天幕毛虫、舞毒蛾、美国白蛾、毒蛾等用 25% 悬浮剂 2 000~2 500 倍液喷雾,效果良好。
(2)菜青虫、小菜蛾。用 25% 悬浮剂 2 500 倍液喷雾,效果很好。

(三)注意事项

(1)灭幼脲悬浮剂有沉淀现象,使用时要摇匀后加水稀释。

(2)该剂为迟效型,需在害虫发生早期使用。施药后3~4天始见效果。

(3)不能与碱性物质混合,贮存在阴凉处。

九、氟苯脲

(一)简介

(1)通用名称。氟苯脲。

(2)商品名称。农梦特。

(3)毒性。低毒。对鱼类低毒,对蜜蜂无毒,对鸟类低毒。

(4)作用特点。氟苯脲是一种苯甲酰脲类杀虫剂,阻碍几丁质形成,影响内表皮生成,使昆虫蜕皮变态时不能顺利蜕皮而死亡。对鳞翅目害虫的活性强,表现在卵的孵化、幼虫蜕皮和成虫的羽化受阻而发挥杀虫效果,特别是在幼龄阶段所起的作用更大。对蚜虫、飞虱和叶蝉等刺吸式口器害虫不显示效果。该药在植物上无渗透作用,残效期较长,引起害虫致死的速度缓慢,显示杀虫效果时间较长。这与有机磷和合成除虫菊酯农药杀虫速效有显著不同。该药对作物没有药害。对害虫的天敌和捕食螨安全。

(5)剂型。5%乳油。

(二)使用方法

(1)蔬菜害虫的防治。防治小菜蛾在1~3龄幼虫盛发期,用5%乳油1 000~2 000倍液喷雾。药后3天的防治效果可达70%~80%,药后15天效果在90%左右。也可有效地防治那些对有机磷、拟除虫菊酯产生抗性的小菜蛾和菜青虫。也可用于防治蔬菜上的豆野螟。

（2）果树害虫的防治。防治柑橘潜叶蛾,在放梢初期、卵孵盛期,用5%乳油1 500倍液喷雾,残效期在15天以上。氟苯脲（农梦特）防治桃小食心虫,因初孵幼虫蛀果前在果面爬行时间短。接触药少,因而效果差。

（三）注意事项

（1）要求喷药均匀周到。

（2）对叶面活动为害的害虫,宜在低龄幼虫期施药;对钻蛀性害虫,宜在卵孵期施药。

（3）本品对水栖生物（特别是甲壳类）有毒,因而要避免药剂污染河源和池塘。

十、烯啶虫胺

（一）简介

（1）通用名称。烯啶虫胺。

（2）毒性。低毒。

（3）作用特点。本药剂属烟酰亚胺类杀虫剂,具有很强的内吸和渗透作用,高效,持效期长。与其他的新烟碱类化合物相似,主要作用于昆虫的神经系统。作用方式独特,与常规农药无交互抗性。

（4）剂型。10%水剂,50%可溶粒剂。

（二）使用方法

该药剂杀虫谱广,可用于水稻、蔬菜、果树和茶树等,防治蚜虫、粉虱、叶蝉、蓟马及其他同翅目害虫,用10%水剂2 000～4 000倍液喷雾。与某些害虫已产生抗药性的农药如有机磷、氨基甲酸酯和沙蚕毒素类农药混配后有增效作用。既可用于茎叶处理,也可进行土壤处理。

十一、吡虫啉

(一)简介

(1)通用名称。吡虫啉。

(2)商品名称。眯蚜胺、蚜虱净、康福多、扑虱蚜、比丹。

(3)毒性。低毒。对蚯蚓等有益动物和天敌无害,对环境较安全。

(4)作用特点。吡虫啉是一种高效内吸性广谱型杀虫剂,具有胃毒和触杀作用,持效期较长,对刺吸式口器有较好的防治效果。该药是一种结构全新的化合物,在昆虫体内的作用点是昆虫烟酸乙酰胆碱酯酶受体,从而干扰害虫运动神经系统,这与传统的杀虫剂作用机制完全不同,因此无交互抗性。该药主要用于防治水稻、小麦、棉花等作物上的刺吸式口器害虫。

(5)剂型。10%可湿性粉剂,70%拌种剂,20%可溶液剂。

(二)使用方法

(1)防治桃蚜、小绿叶蝉在桃树落花后,桃蚜发生期,用10%可湿性粉剂6 000倍液,均匀喷雾1次即可控制桃蚜为害。在桃树生长后期小绿叶蝉发生时,用10%可湿性粉剂6 000倍液喷雾防治,也有很好的效果。由田间试验看出,防治苹果黄蚜的效果不如防治桃蚜的效果好。

(2)防治梨木虱在梨树落花后,当梨木虱多数处于1~3龄若虫期时,用10%可湿性粉剂3 000倍液喷雾防治,可取得良好效果。

在作物生长季节要注意和其他杀虫剂交替使用,以延缓抗药性的产生。

(三)注意事项

(1)本品虽为低毒杀虫剂。使用时仍应注意安全防护。

(2)如发生中毒。应及时送医院对症治疗。

十二、啶虫脒

(一)简介

(1)通用名称。啶虫脒。

(2)商品名称。莫比朗,比虫清,乙虫脒,力杀死,蚜克净。

(3)毒性。中等毒性。

(4)作用特点。啶虫脒是吡啶类化合物,是一种新型杀虫剂。它除了具有触杀和胃毒作用之外,还具有较强的渗透作用,且有速效的杀虫活力,残效期长,可达 20 天左右。本品对天敌杀伤力小,对鱼毒性较低,对蜜蜂影响小,适用于防治果树、蔬菜上半翅目害虫;用颗粒剂做土壤处理,可防治地下害虫。

(5)剂型。3% 乳油。

(二)使用方法

(1)防治黄瓜蚜虫在黄瓜蚜虫发生初盛期施药,每小时平方米用 3% 乳油 600~750 毫升,加水均匀喷雾,对瓜蚜表现良好的防治效果,如在多雨年份,药效仍可持续 15 天以上。

(2)防治苹果蚜虫在苹果树新梢生长期,蚜虫发生初盛期施药,用 3% 乳油 2 000~2 500 倍液喷雾,对蚜虫速效性好,耐雨水冲刷,持效期在 20 天以上。

(3)防治梨木虱在春季越冬成虫出蛰而又未大量产卵和第一代若虫孵化期,用 3% 乳油 2 500~3 000 倍液喷雾。

(4)防治桃蚜在害虫发生期,虫口上升时,用 3% 乳油 1 500~2 000 倍液喷雾。

(三)注意事项

(1)因本剂对桑蚕有毒性,所以若附近有桑园,切勿喷洒在桑叶上。

(2)不可与强碱剂(波尔多液、石琉合剂等)混用。

（3）本剂对人、畜毒性低，但是万一误饮，应立即到医院洗胃，并保持安静。

十三、吡蚜酮

（一）简介

（1）通用名称。吡蚜酮。

（2）商品名称。吡嗪酮。

（3）毒性。低毒。

（4）作用特点。吡蚜酮属三嗪酮类化合物。用于防治大部分同翅目害虫，尤其是蚜虫科、粉虱科、叶蝉科及飞虱科害虫。害虫一旦接触此药，就会立即停止取食，而这种停食现象并不是由拒食作用引起的，表现为口针难于穿透叶片，即使能刺达韧皮部，但所需时间长，吸汁液时间短，最终因饥饿而死亡。在停食死亡之前的几天时间内，害虫可能会表现为活动正常。吡蚜酮在植物体内的内吸输导性强，能在韧皮部和木质部内进行向顶和向下的双向输导，因而对用药处理后新生的植物组织也有保护作用。吡蚜酮对人、畜低毒，对鸟类、鱼类安全，在环境中降解快，淋溶性小，不会污染地下水。对天敌影响小，与其他类杀虫剂无交互抗性。

（5）剂型。25%可湿性粉剂。

（二）使用方法

（1）防治十字花科蔬菜的蚜虫每亩用25%可湿性粉剂20～30克，对水50～60千克喷雾。

（2）防治马铃薯上的蚜虫每亩用25%可湿性粉剂27～50克，对水50千克喷雾。

（3）防治菜蚜、桃蚜于蚜虫初发期，每亩用25%可湿性粉剂18～20克，对水50～60千克均匀喷雾。

（4）注意事项。不能与碱性物质混用。

十四、噻虫啉

(一)简介

(1)通用名称。噻虫啉。

(2)毒性。低毒。

(3)作用特点。噻虫啉是新型烟碱类杀虫剂,其作用机理与其他传统杀虫剂有所不同。它主要作用于昆虫神经接合后膜,通过与烟碱乙酰胆碱受体结合,干扰昆虫神经系统正常传导,引起神经通道的阻塞,造成乙酰胆碱的大量积累,从而使昆虫异常兴奋,全身痉挛、麻痹而死。具有较强的内吸、触杀和胃毒作用,与常规杀虫剂和拟除虫菊酯类、有机磷类和氨基甲酸酯类没有交互抗性,因而可用于抗性治理。是防治刺吸式和咀嚼式口器害虫的高效药剂之一。剂型10%可湿性粉剂,48%悬浮剂。

(二)使用方法

为广谱杀虫剂,适宜的作物为水稻、果树、蔬菜、棉花、茶叶、草坪和观赏植物等,可防治半翅目、鞘翅目、双翅目、同翅目和某些鳞翅目害虫。

(1)拌种防治。黄瓜上的蚜虫、斑黄蓟马,西瓜、萝卜和马铃薯上的蚜虫,番茄上的粉虱、番茄潜蝇,茄子上的豆潜蝇,葱上的葱蓟马、葱潜蝇,甘蔗上的金龟子幼虫等。每100千克种子用10%可湿性粉剂2~4千克处理即可。

(2)喷雾防治。马铃薯甲虫,每亩用48%悬浮剂7~13毫升加水25~50千克喷雾。

(三)注意事项

可与防菌酯混用。

十五、氯噻啉

(一)简介

(1)通用名称。氯噻啉。

（2）毒性。低毒,对鸟毒性中等,对蜜蜂、家蚕高毒。

（3）作用特点。氯噻啉为噻唑杂环类高效、广谱性杀虫剂。其作用机理是作用于害虫神经系统突触部位的乙酰胆碱受体。

（4）剂型。10%可湿性粉剂。

（二）使用方法

在低龄幼虫高峰期施药,持效期7天以上。

（1）防治十字花科蔬菜蚜虫:每亩用10%可湿性粉剂15～30克对水40～50升喷雾。

（2）防治茶小绿叶蝉:每亩用10%可湿性粉剂用20～30克对水40～50升喷雾。

（3）防治番茄(大棚)白粉虱:每亩用10%可湿性粉剂15～30克对水40～50升喷雾(特效)。

（三）注意事项

（1）桑园禁用。

（2）作物开花期不宜使用。

十六、阿克泰

（一）简介

（1）通用名称。阿克泰。

（2）商品名称。快胜,噻虫嗪。

（3）毒性。低毒。

（4）作用特点。阿克泰有触杀、胃毒和内吸作用,是一种具有优异活性的类似于新烟碱类化合物的杀虫剂,属于硫化烟碱类化合物,是第一个成功开发的第二代新烟碱类杀虫剂。它有较低的分子量和水分配系数,易溶于水,这些特点有助于被作物快速吸收以及在木质部的迁移。用于土壤或种子处理时,该药剂被根部或萌发幼苗快速吸收,并且迁移到子叶和叶部,在木质部输送是向顶传导。在植物体内降解较慢,延长了控制害虫时间,持效期可达1个月左右。因此,特别适合种子处理用以防治地下害虫和早期叶面害虫。阿克泰对于一些刺吸式口器害虫作用快,可有效阻碍此类害虫的传毒速度。阿克泰有较高的水溶性(大约是吡虫啉的3倍),因此,田间表现效果较稳定。在墒情差的情况下效果不受太大影响。对种子安全性好,几乎适合作所有种子处理,且对作物有明显刺激生长作用,早期苗壮、苗齐、叶色浓绿。

阿克泰的作用方式是模仿乙酰胆碱,刺激受体蛋白,而这种模仿的乙酰胆碱又不会被乙酰胆碱酯酶所降解,使昆虫一直处于高度兴奋中,直到死亡。它能有效防治鳞翅目、鞘翅目、缨翅目,尤其是同翅目害虫,且持效期长。本品用量少,杀虫谱广,毒性低,持效期长,对环境安全,能有效防治大部分作物上的刺吸口器及咀嚼口器害虫。

(5)剂型。70%干种衣剂,25%水分散粒剂。

(二)使用方法

(1)拌种。每100千克种子所用70%干种衣剂的量为:甜菜43~86克,马铃薯7~10克,豌豆、豆类50~74.3克。可有效防治这些作物上的蚜虫、叶蝉、果蝇、金针虫、蓟马、叶蝉、土栖甲虫、金针虫、灰飞虱、稻瘿蚊、蚁类、潜叶蛾、跳甲、绿盲蝽、象甲、黑豆蚜、白粉虱等。

(2)喷雾

①防治苹果蚜虫用25%阿克泰水分散粒剂5 000~10 000倍液进行叶面喷雾。

②防治瓜类白粉虱用25%水分散粒剂2 500~5 000倍液喷雾。

③防治梨木虱用25%水分散粒剂5 000倍液喷雾。

(三)注意事项

(1)阿克泰在施药以后,害虫接触药剂后立即停止取食等活动,但死亡速度较慢,死虫的高峰通常在药后2~3天出现。

(2)阿克泰是新一代杀虫剂,其作用机理完全不同于现有的杀虫剂,也没有交互抗性问题,因此对抗性蚜虫、飞虱效果特别优异。

(3)阿克泰施用剂量较低,应用过程中不要盲目加大用药量,以免造成不必要的浪费。

十七、呋虫胺

(一)简介

(1)通用名称。呋虫胺。

(2)毒性。低毒,无致畸、致癌和致突变性。对水生物十分安全,对鸟类毒性也很低,对蜜蜂安全。

(3)作用特点。呋虫胺是第三代烟碱类杀虫剂。其与现有的烟碱类杀虫剂的化学结构和性能方面可谓大相径庭。故而,目前人们将其称为"呋喃烟碱"。该药剂杀虫谱广。具有卓越的内吸渗透作用,并在很低的剂量即显示了很高的杀虫活性。呋虫胺主要作用于昆虫神经传递系统,使害虫引起麻痹从而发挥杀虫作用。

(4)剂型。20%水溶性粒剂,1%、2%颗粒剂。

(二)使用方法

呋虫胺杀虫谱广,它可防治各种半翅目、鳞翅目、甲虫目、双翅目、直翅目、膜翅目等各种害虫。如褐飞虱、白背飞虱、灰飞虱、黑尾叶蝉、蚜虫类、粉虱类、阶类、桃小食心虫、幅潜蛾、茶细蛾、黄条跳甲、豆潜蝇等。

(1)防治蔬菜害虫。用1%颗粒剂每亩1.5~2千克,可在果菜类、叶菜类移栽时与土穴土壤混合处理,或者在撒播时与播种沟的土壤混合处理。这样可防治移栽时寄生的害虫和移栽前飞入的害虫。另外,由于该药剂具有良好的内吸传导作用,在处理后能很快地被植物吸收,能保持 4 ~ 6 周的药效,所以对蔬菜苗期的害虫也很好的防治效果。也可用 20% 水溶性粒剂 8 000 ~ 10 000 倍液喷雾,防治蔬菜中后期的害虫。

(2)防治果树害虫。用 20% 水溶性粒剂 8 000 ~ 10 000 倍液喷雾,可有效防治蚜虫、红蚧类吮吸性害虫和食心虫类、金纹细蛾等鳞翅目害虫。

第六节　生物杀螨剂

一、浏阳霉素

(一)简介

(1)通用名称。浏阳霉素。

(2)毒性。对人、畜低毒。

(3)作用特点。本品是由灰色链霉素浏阳变种发酵产生的农用抗生素,属大环内酯抗生素,是一种高效、低毒、对环境无污染、对作物无残留并对天敌安全的微生物杀虫剂。可用于防治瘿螨、锈螨等各种害螨。本剂若辅以有机磷、氨基甲酸酯及有机氯农药则有增效作用。对害螨有良好的触杀作用,对螨卵也有抑制作用,孵出的幼螨大多不能存活。

(4)剂型。10% 乳油。

(二)使用方法

(1)防治蔬菜害螨。防治豆角叶螨、茄子害螨,每亩用 10% 乳油 30 ~ 50 毫升,加水 50 升,可在 7 ~ 10 天内有效地控制为害。

(2)防治苹果叶螨。用 10% 乳油 1 000 ~ 2 000 倍液,可有效地控制为害,持效期可达 20 天。

(三)注意事项

(1)本品为触杀性杀螨剂,喷雾时力求均匀周到。

(2)本品与其他农药混用时,需先进行试验,再推广使用。药液应随配随用。

(3)本品对眼睛有轻微刺激作用。喷雾时注意对眼睛的安全防护。药液若溅入眼内,应用清水冲洗,一般 24 小时内可恢复正常。

(4)本品对鱼有毒,喷雾器内余液及洗涤液切勿倾入鱼塘、湖泊中。

二、氟虫脲

(一)简介

(1)通用名称。氟虫脲。

(2)商品名称。卡死克。

(3)毒性。低毒杀虫杀螨剂。

(4)作用特点。氟虫脲是酰基脲类杀虫杀螨剂,具有触杀和胃毒作用。其作用机制是抑制昆虫表皮几丁质的合成,使昆虫不能正常蜕皮或变态而死亡。成虫接触药后,产的卵即使孵化为幼虫也会很快死亡。氟虫脲对叶螨属和全爪螨属多种害螨有效,杀幼若螨效果好,不能直接杀死成螨。但接触药的雌成螨产卵量减少,可导致不育或所产的卵不孵化。该药是目前酰基脲类杀虫剂中能做到虫螨兼治、药效好、持效期长的品种,氟虫脲杀螨、杀虫作用缓慢,施药不能迅速显示出药效,需经 10 天左右药效才明显上升。对叶螨天敌安全,是较理想的选择性杀螨剂。

(5)剂型。5% 乳油。

(二)使用方法

(1)防治果树害虫

①苹果叶螨的防治。用氟虫脲防治螨类和害虫时,应在虫害发生初期喷药。防治苹果叶螨时,最好在苹果开花前、后越冬代和第一代若螨集中发生期喷药,并可兼治越冬代卷叶虫。因夏季成螨和卵量均多。而氟虫脲对这两种虫态直接杀伤力较差,故盛夏期喷药防治效果不及前期同浓度效果好。一般在苹果开花前后用5%乳油1 000～1 500倍液,夏季用500～1 000倍液喷雾效果好。还可用于防治苹果小卷叶蛾、梨木虱、尺蠖等。

②桃小食心虫的防治。在卵果率0.5%～1%时,用5%乳油1 000～1 500倍液喷雾,全期喷药3次。

(2)蔬菜害虫的防治。小菜蛾在叶菜苗期或生长前期,1～2龄幼虫盛发期,或叶菜生长中后期,或莲座后期至包心期,2～3龄幼虫盛发期,用5%乳油1 000～1 500倍液喷雾,药后15～20天防效可达90%以上。防治对菊酯类农药产生抗性的小菜蛾亦有良好效果。还可用于防治菜青虫、豆荚螟、茄子上的叶螨等害虫。

(三)注意事项

(1)施药时间应较一般有机磷、拟除虫菊酯杀虫剂提前3天左右。对钻蛀性害虫宜在卵孵盛期。幼虫蛀入作物之前施药。对害螨宜在幼若螨盛发期施药。

(2)不要与碱性农药混用,否则会减效。间隔使用时,最好先喷氟虫脲防治叶螨,10天后再喷波尔多波防治病害。若倒过来使用。间隔期要更长些。

三、螺螨酯

(一)简介

(1)通用名称。螺螨酯。

(2)商品名称。螨危。

(3)作用特点。螺螨酯是一种高效非内吸性杀螨剂,也是一种昆虫生长调节剂,对各个螨态均有触杀作用。其作用机理为抑制害螨体内脂类的合成,干扰害螨的能量代谢活动,最终杀死害螨。与其他现有杀螨剂无交互抗性,杀卵效果尤佳,对幼若螨也有良好的触杀作用,虽不能较快的杀死雌成螨,但可使其接触药液后所产的卵不能孵化,死于胚胎后期,特别适合于防治对现有杀螨剂产生抗性的害螨。持效期40～50天,耐雨水冲刷,喷药2小时后遇雨不影响药效的正常发挥。

(4)剂型。24%悬浮剂。

(二)使用方法

杀蜗谱广,对红蜘蛛、黄蜘蛛、锈壁虱和茶黄螨等均有很好的防治效果,可兼治梨木虱及叶蝉等害虫。

(三)注意事项

(1)避免在果树开花时用药。

(2)不能与强碱性农药和铜制剂混用;每季作物最多使用2次。

(3)害螨密度高,与其他杀螨剂如哒螨灵、阿维菌素等混用,可提高药效,同时也可降低害螨产生抗性的风险。

第四章 生物杀菌剂

第一节 植物源杀菌剂

一、乙蒜素

(一)简介

(1)通用名称。乙蒜素。

(2)其他名称。抗菌剂402。

(3)毒性。中等毒性。

(4)作用特点。抗菌剂402是大蒜素的乙基同系物,是一种广谱性杀菌剂,可有效防治棉花苗期病害和枯、黄萎病、甘薯黑斑病、水稻烂秧、恶苗病、大麦条纹病等。其杀菌机制是其分子结构中的二硫氧基团与菌体分子中含—SH基的物质反应,从而抑制菌体正常代谢。抗菌剂402对植物生长具有刺激作用,经它处理过的种子出苗快,幼苗生长健壮。

(5)剂型。80%乳油。

(二)使用方法

(1)水稻烂秧、恶苗、稻瘟病等的防治。用80%乳油6 000~8 000倍液浸种,籼稻浸2~3天,粳稻浸3~4天,捞出催芽播种。

(2)大麦条纹病的防治。用80%乳油2 000倍液浸种24小时后捞出播种。

（3）棉花苗期病害的防治。用80%乳油5 000～8 000倍液浸种16～24小时后，捞出催芽播种。

（4）棉花枯、黄萎病的防治。用80%乳油1 000倍液，浸泡棉籽0.5小时，浸泡时药液温度维持在55～60℃。

（5）甘薯黑斑病的防治。用80%乳油2 000～2 500倍浸种薯10分钟；或用4 000～4 500倍液浸薯苗基部10分钟。

（三）注意事项

（1）乙蒜素不能与碱性农药混用，浸过药液的种子不得与草木灰一起播种，以免影响药效。

（2）乙蒜素属中等毒性杀菌剂。对皮肤和黏膜有强烈的刺激作用。配药和施药人员需注意防止污染手脸和皮肤，如有污染应及时清洗，必要时用硫酸钠液敷。操作时不要抽烟、喝水和吃东西。工作完毕后应及时清洗手脸和被污染的部位。乙蒜素能通过食道、皮肤等引起中毒，急性中毒损害中枢神经系统，引起呼吸循环衰竭，出现意识障碍和休克。目前无特效解毒剂，一般采取急救措施和对症处理。注意止血抗休克，维持心、肺功能和防止感染。口服中毒者洗胃要慎重，注意保护消化道黏膜，防止消化道狭窄和闭锁。早期应灌服硫代硫酸钠溶液和活性炭。可试用二巯基丙烷磺酸钠治疗。

（3）经乙蒜素处理过的种子不能食用或作饲料，棉籽不能用于榨油。

二、丁子香酚

（一）简介

（1）通用名称。丁子香酚。
（2）其他名称。灰霉特。
（3）毒性。低毒。
（4）剂型。0.3%可溶性液剂。

(5)作用特点。该药是从丁香等植物中提取杀菌成分,辅以多种助剂研制而成的新型低毒杀菌剂。对人畜及环境安全,能有效地防治番茄灰霉病。

(二)使用方法

防治番茄灰霉病每亩用制剂 89～118 克,加水 70 千克喷雾。每隔 7 天喷 1 次,一般喷施 3 次。

(三)注意事项

(1)不可与碱性农药、肥料混用。

(2)误入眼睛,速用大量清水冲洗。

三、黄连素

(一)简介

(1)通用名称。黄连素。

(2)毒性。低毒。

(3)剂型。0.6% 水剂。

(二)使用方法

用 0.6% 水剂制剂稀释 800～900 倍液喷雾,可防治苹果轮纹病。

四、低聚糖素

(一)简介

(1)通用名称。低聚糖素。

(2)毒性。低毒,对人、畜安全。

(3)作用特点。低聚糖素是从食用动、植物中提取出来的一种复杂的碳水化合物,在植物体内可作为信号分子,以诱导农作物合成和积累抗病菌的活性物质,从而抑制病原菌的生长和繁殖;同时还能调节植物的生长、发育及在环境中的生存能力。

（4）剂型。0.4% 水剂。

（二）使用方法

具有广谱性，对小麦赤霉病有特效。

（1）防治番茄、柠檬、草莓和杨桃等作物上的叶霉病、疮痂病、灰霉病、白粉病、疫霉病、褐斑病、炭疽病和腐烂病等。在病害始发期用 0.4% 水剂 250～400 倍液搅匀喷湿叶片和枝干，以后每隔 10 天喷 1 次，连续喷 3～4 次。

（2）防治枯萎病、茎基腐病（镰刀菌）、立枯病。发现有病立即处理，将根茎附近的土壤扒开或在根茎附近插两个小洞，淋灌 0.4% 水剂 300 倍液，每隔 10 天淋 1 次，连续淋灌 3～4 次。

（三）注意事项

（1）本药剂施用应比常规农药提前 3～5 天。

（2）在防治果树病害中，用低聚糖素加上植物营养剂（甲壳质类）使用效果更好。

五、高脂膜

（一）简介

（1）通用名称。高脂膜。

（2）其他名称。棕榈醇、月桂醇。

（3）毒性。低毒。对皮肤无刺激作用，对眼睛有一定刺激性，但 7 天后可恢复正常。

（4）作用特点。高脂膜是用高级脂肪酸制成的成膜物，是由十二碳酸及十六碳酸等高级脂肪醇组成。它不同于常规化学杀菌剂，本身不具有杀菌作用。高脂膜实属物理防治，本身无毒，对人、植物、鱼类无害、无毒，是一种无公害农药。该药使用后植物体表面有一层很薄的脂肪酸膜，虽然病菌仍可侵入植物体，但因有薄膜控制，侵入后不能扩展或很少扩展为害，从而达到防病目的。喷在植物表面自动扩散，形成一层肉眼见不到的单分子膜,把植物包裹起来,保护作物不受外部病害的侵染和病菌扩展,而不影响作物生长、透气、透光,起到防病作用。高脂膜对多种真菌病害有较好的防治效果,因其防病是物理作用,病菌不会产生抗药性。高脂膜对瓜类白粉病、番茄叶枯病、大白菜霜霉病等到均有一定的防治效果,在马铃薯种芽储运、防腐、保鲜等方面也有一定的作用。同时,有保护作物抵御寒冷作用,可提高移栽苗的抗寒、抗旱能力,提高成活率,增加产量等。据试验,瓜类喷洒后,病叶白粉状物大多消失,仅剩淡黄色晕斑,叶色变深绿,初感病叶片逐渐恢复正常,不再出现症状。

(5)剂型。27%、22%乳剂。

(二)使用方法

(1)防治黄瓜白粉病。用27%高脂膜乳剂150倍液喷雾。发病初期开始喷施,隔5~6天喷1次,连续喷2~3次。

(2)防治南瓜、西葫芦白粉病。用27%高脂膜乳剂150倍液喷雾。发病初期开始喷施,隔7天左右喷雾1次,连续2~3次。

(3)防治大白菜霜霉病、番茄叶枯病。用27%高脂膜乳剂200倍液,于发病初期开始喷施,隔7天左右喷雾1次,连续喷2次,防效达92%~96%。

(三)注意事项

(1)应用前应充分摇匀,再用少量水稀释,加足所需水量,即可喷洒。若低温季节出现凝结黏稠,先用热水预热融化再加水。

(2)喷雾时应使作物叶片正反面均匀黏着药液,形成一层薄膜。喷雾后遇雨可不再补喷。

(3)病害刚出现、未暴发时喷施效果较好。应注意提早用药。

(4)高脂膜乳剂可与多种农药混配使用。在保护地栽培条件下或高温天气,有时会出现叶部伤害,避免高温时间用药。

(5)在运输时应防止雨淋、暴晒、冰冻;储存时应保证通风、干燥,防止阳光直接照射,冬季应采取适当防冻措施。

六、植物激活蛋白

(一)简介

(1)通用名称。植物激活蛋白。

(2)毒性。低毒。

(3)作用特点。植物激活蛋白是一种从真菌中提取的热稳定活性蛋白。其作用机理是激活蛋白本身无毒,施用在植物上后,首先与植物表面的受体蛋白结合,植物的受体蛋白在接受激活蛋白的信号传导后,启动植物体内一系列代谢反应,激活植物自身免疫系统和生长系统,从而抵御病虫害的侵袭和不良环境的影响,起到防治病虫害、抗逆、促进植物生长发育、改善作物品质和提高产量的作用。

(4)剂型。3%可湿性粉剂。

(二)使用方法

植物激活蛋白具广谱性,可广泛应用于植物的浸种、浇根和叶面喷施。适用于番茄、辣椒、西瓜、草莓、棉花、小麦、水稻、烟草、柑橘、油菜等农林作物,对灰霉病、黑痘病、溃疡病等真菌、细菌病害和病毒病及蚜虫、螨等有良好的作用效果。同时还可促进作物生长和增产,改善果实品质,以及提高作物抗逆性。

(1)葡萄。用3%可湿性粉剂1 000倍液喷雾,发病高峰期用800倍液,于葡萄展叶后开始喷药,重点在开花前和落花70%~80%时喷药,对黑痘病、白粉病、霜霉病和炭疽病有良好的防效。间隔20~25天喷1次,依据降雨和病情决定喷药次数。

(2)草莓。用3%可湿性粉剂1 000倍液喷雾,于4月上旬开始喷药,间隔25~30天喷1次,连喷3~4次,对灰霉病、白粉病有很好的防治效果。

(3)辣椒、番茄。用3%可湿性粉剂1 000倍液,于移栽成活1周后开始喷雾(或浇根),对青枯病、疫病和病毒病等有很好的防效。间隔20~25天喷1次,连喷3~4次,具体喷药次数根据病情而定。

第二节　微生物源杀菌剂

一、木霉菌

(一)简介

(1)通用名称。木霉菌。

(2)其他名称。生菌散,灭菌灵,特立克。

(3)毒性。低毒,对环境安全。

(4)作用特点。木霉菌制剂是半知菌丛梗孢目木霉属的真菌孢子。

(5)主要作用。机制是以绿色木霉菌通过和病菌营养竞争杀灭病原菌。使用后,可迅速消耗侵染位点附近的营养物质,致使病菌停止生长和侵染,再通过几丁质酶和葡聚糖酶消融病原菌细胞壁。

(6)剂型。1.5亿活孢子/克可湿性粉剂。

(二)使用方法

(1)防治黄瓜和大白菜霜霉病。每亩使用该可湿性粉剂200~300克,加水稀释200~300倍液进行喷雾,喷药量60千克。于发病初期开始喷药,每隔7天喷1次药,连续喷药3次,对霜霉病有较好的防效。

(2)防治黄瓜灰霉病、番茄灰霉病。发病初期用该可湿性粉剂 500 ~ 600 倍液喷雾。

（3）防治番茄幼苗猝倒病。木霉培养物混合适量细沙后，撒于苗床表面，然后泼浇适量清水。

二、弱毒疫苗 N14

（一）简介

（1）通用名称。弱毒疫苗 N14。

（2）毒性。低毒生物杀病毒剂，对人、畜安全，对天敌无害，不污染环境。

（3）作用特点。制剂为无色液体，含一定剂量的活体弱病毒。这种弱病毒因其致病力很弱，接种到寄主作物上后，只给寄主作物造成极轻的为害或不造成为害，并由于它的寄生使寄主作物产生抗体，可以阻止同种致病力强的病毒侵入。主要用于防治番茄花叶病，对烟草花叶病毒（TMV）所致的病毒病有预防作用。

（4）剂型。提纯浓缩水剂。

（二）使用方法

常用的接种方法有 3 种。

（1）浸根法。即当番茄两片真叶期（约播后 30 天）结合分苗将幼苗拔出洗净，利用拔时造成幼根损伤，浸沾弱毒疫苗。使用时可将该浓缩液稀释 100 倍，浸根 30 ~ 60 分钟，然后假植。浸过根的疫苗可反复使用 3 ~ 4 次。也可将洗去根部泥土的番茄幼苗先放在容器中，再倒入稀释的弱毒疫苗。但间隔时间不能太长，否则会因微伤愈合而影响效果。

（2）较大规模的育苗基地可采用荷花牌 2A 喷枪接种。有电源的地方可用排气量为 0.025 立方米/分钟，稳定压力为 6 千克/平方厘米的空气压缩机供气。无电源的地方可用压缩空气钢瓶代替。用前将每 100 毫升稀释液加入 400 ~ 600 目筛的金刚砂约 0.5 克。喷时要使空压机的气压维持在 4.5~5 千克/平方厘米。喷枪距苗 5 厘米,边喷边摇动喷枪,以防金刚砂沉淀。喷枪移动速度每 8 厘米/秒,每亩的幼苗(约 4 000 株)约需 200 毫升稀释液。

(3)摩擦接种法。即在番茄 1~3 片真叶时将混有少许金刚砂的稀释液用食指蘸取,轻轻接到番茄幼苗的叶片上。

(三)注意事项

(1)要选择好使用对象。使用前须了解本地区番茄病毒的毒源种类及周年消长情况。在烟草花叶病为主的时期使用。在我国北方主要用在冬、春保护地番茄上。同时还要选择适合的品种。由于弱株系也是一种病毒,发挥作用的第一个条件是能侵入寄主。如果番茄的抗病性很强,它就不能侵入,也就不能发挥作用。

(2)要做好被处理番茄种子及土壤消毒。由于弱毒疫苗的特点所决定,准备用弱毒疫苗处理的番茄幼苗必须未经强毒感染。因此,育苗前必须除去种子及土壤中存在的病毒。

(3)为了避免接种时污染上其他病毒,在接种前要将稀释用的器皿、喷洒工具经开水煮沸 20 分钟,或用磷酸三钠浸泡 20 分钟。操作者要用肥皂水洗 3 次手。操作时不许吸烟。

(4)在喷接 15~20 天内,由于病毒正处于体内扩展期,易受到其他病毒感染,可以在接种前对幼苗进行黑暗处理或喷接后提高室温 30~35℃一天。

(5)提纯浓缩液可在 4~8℃冰箱内保存 2 年。

三、卫星核酸生防制剂 S52

(一)简介

(1)通用名称。卫星核酸生防制剂 S52。

(2)毒性。低毒杀病毒剂,对人、畜安全,对天敌昆虫无害,不污染环境。

(3)作用特点。本剂为无色液体,含一定剂量的活体弱病毒 S52。其防病机制同弱毒疫苗 N14。但该病毒制剂主要是针对黄瓜花叶病毒(CMV)的,主要用于防治保护地秋番茄黄瓜花叶病毒病。

(4)剂型。浓缩水剂。

(二)使用方法

参见弱毒疫苗 N14 使用方法。卫星核酸生防制剂 S52 主要针对黄瓜花叶病毒。秋季保护地一般以黄瓜花叶病毒为主混合发生,因此,在秋季保护地番茄上可采用卫星核酸生防制剂 S52,在露地番茄、辣椒上可采用 N14 与 S52 的混合液接种。

(三)注意事项

同弱毒疫苗 N14 使用方法。

四、重茬敌

(一)简介

(1)通用名称。重茬敌。

(2)毒性。低毒。对人、畜安全,不污染环境。

(3)作用特点。产品内含高活性生物抗生菌及其产生的抗生素活性物质,对土传有害菌具有颉颃作用。除防病外,还兼有活化土壤、改良土壤、培肥土壤防止土壤盐渍化作用及补充微量元素、提高肥料利用率有作用。其活性物质能刺激植物各部分生长,使植株健壮、叶片浓绿肥厚,一般增产 15% ~20%。

(4)剂型。粉剂。

(二)使用方法

本品对保护地蔬菜大棚土壤中的土传病害如番茄、青椒早晚疫病,黄瓜霜霉病、茄子黄萎病、褐斑病、苦豆锈病及西瓜、甜瓜立枯病和枯萎病、白粉病等有显著的防治效果,重茬防治率在80%以上。每亩用量为8~10千克,按1:10的比例与细土混匀后,在做畦时放入深15厘米处混匀,即可定植或播种。穴施、条施、冲施均可。如果是重茬年份超过3年以上,应在各个管理环节上都施用,效果更好。

(三)注意事项

(1)切勿在重压下保存,常温贮藏于阴凉避风、避光处。

(2)本剂不宜与化学杀菌剂混用,保质期为3年。

五、井冈霉素

(一)简介

(1)通用名称。井冈霉素。

(2)毒性。低毒。

(3)作用特点。井冈霉素是由吸水链霉菌井冈变种产生的水溶性抗生素—葡萄糖苷类化合物,共有6个组分。其主要活性物质为井冈霉素 A,其次是井冈霉素 B。井冈霉素是内吸作用很强的农用抗菌素,当水稻纹枯病的菌丝接触到井冈霉素后,能很快被菌体细胞吸收并在菌体内传导,干扰和抑制菌体细胞正常生长发育,从而起到治疗作用。井冈霉素也可用于防治小麦纹枯病、稻曲病等。

(4)剂型。3%、5%水剂,2%、3%、4%、5%、12%、15%、17%水溶性粉剂,0.33%粉剂。

(5)使用方法。黄瓜立枯病在黄瓜播种于苗床后使用5%水剂1 000~2 000 倍液浇灌苗床。

(二)注意事项

(1)井冈霉素制剂可与多种杀虫剂混用,安全间隔期14 天。

(2)施药时应保持稻田水深3~6厘米。

（3）粉剂在晴朗天气可早晚两头趁露水未干时喷粉,夜间喷粉效果尤佳,阴雨天可全天喷粉。风力大于 3 级时不宜喷粉。粉剂及水溶性粉剂都必须存放于干燥的仓库中,严禁受潮。

（4）井冈霉素虽属低毒杀菌剂,配药和施药人员仍需注意防止污染手、脸和皮肤。如有中毒事故发生,无特效解毒剂,应对症处理。

（5）本剂属抗生素一类农药,虽加有防腐剂,还需存放于阴凉、干燥的仓库中并注意防霉、防腐、防冻。

六、多抗霉素

（一）简介

（1）通用名称。多抗霉素。

（2）其他名称。多氧霉素,多氧清,宝丽安,保利霉素。

（3）毒性。低毒。

（4）作用特点。多抗霉素是一种广谱性抗生素一类杀菌剂,具有较好的内吸传导作用。其作用机制是干扰病菌细胞壁几丁质的生物合成。芽管和菌丝体接触药剂后,局部膨大、破裂、溢出细胞内含物,而不能正常发育,导致死亡。还有抑制病菌产孢和病斑扩大作用。

（5）剂型。10% 可湿性粉剂,3% 水剂。

（二）使用方法

（1）防治苹果斑点落叶病。可采用多抗霉素与波尔多液交替使用。苹果春梢生长期间,当斑点落叶病侵染盛期时,用 10% 可湿性粉剂 800~1 000 倍液的浓度喷雾。初期和新梢基本停止生长期喷波尔多液 3~4 次,对苹果褐斑病的防效也很好。

（2）防治葡萄黑痘病。用 3% 水剂 600~900 倍液,每隔 7 天使用 1 次,连喷 2~3 次。

（3）防治梨树病害防治。梨斑点落叶病,在病叶率 5% ～10% 时,用 3% 水剂 800 倍液喷雾 1 次。在病害盛发期可再喷 1 次。防治梨树黑斑病,在发病初期和高温多雨的发病盛期,喷 3% 水剂 800 喷液 2～3 次。

（4）防治西瓜枯萎病。用 3% 水剂 800 倍液分别在西瓜苗期、团棵期、花期灌根,可预防和减轻枯萎病的发生。

（5）防治番茄叶霉病。于发病初期用 3% 水剂 800 倍液和 50% 多菌灵 600 倍液混用喷 1～2 次。

（6）草莓灰霉病的防治。从草莓的初花期开始喷药。每次每亩用 10% 可湿性粉剂 100～150 克,对水 75 千克喷雾。每次间隔期 7 天,共喷 3～4 次。

（三）注意事项

（1）不得与碱性农药混合使用。

（2）如出现少量沉淀为正常现象,使用时摇匀,不影响防治效果。

（3）为防止抗药性的产生,宜与其他类型的杀菌剂交替使用,同一种作物使用次数控制在 4 次以下。

七、抗霉菌素 120

（一）简介

（1）通用名称。抗霉菌素 120。

（2）其他名称。农抗 120,嘧啶核苷类抗菌素。

（3）毒性。低毒。

（4）作用特点。抗霉菌素 120 是一种广谱抗菌素,对多种植物病原菌有强烈的抑菌作用。作用机制是直接阻碍病原菌的蛋白质合成,导致病原菌死亡。兼具保护和治疗作用,并对作物有刺激生长和增产作用,粮食作物用药后叶片浓绿,千粒重增加;蔬菜用药后,生长旺盛,能增强植株抗药性。对作物和天敌安全,低残留,不污染环境。

(5)剂型。2%、4%水剂。

(二)使用方法

本品适用于防治瓜、果、蔬菜、烟草、小麦等作物的白粉病,瓜、果、蔬菜炭疽病,西瓜、蔬菜枯萎病,水稻、玉米纹枯病等。另外,使用2%抗霉菌素120水剂后,粮食作物表现叶色浓绿健壮,千粒重增加,空秕粒减少;蔬菜生长快,产量高。

(1)黄瓜白粉病的防治。在发病初期喷药,每次每亩用2%水剂500毫升,加水100千克喷雾。隔15~20天喷药1次,共喷药4次。如病情严重,可隔7~10天喷1次。还可以防治甜菜、苹果、葡萄、月季等作物上的白粉病。

(2)大白菜黑斑病的防治。发病初期开始喷药,每亩用2%水剂1 000毫升,对水100千克喷雾,15天后喷第二次药。

(3)防治蔬菜白粉病、炭疽病、纹枯病等叶部病害。用2%水剂200倍液喷雾。发病率达5%~10%时开始施药,隔10~15天再喷1次。若发病严重,隔7~8天喷1次,并增加喷药次数。

(4)防治西瓜、黄瓜、甜菜枯萎病等土传病害。用2%水剂130~200倍液灌根。每穴灌药液500毫升左右,隔5天再灌1次。重病株可连续灌根3~4次。

(5)涂抹。对番茄早疫病,用2%水剂10倍液涂茎。

(三)注意事项

(1)本剂可与多种农药混用,但勿与碱性农药混用。

(2)本剂虽属低毒杀菌剂,施药时还需注意安全,如遇不舒服,应请医生诊治。

八、链霉素

(一)简介

(1)通用名称。链霉素。

（2）毒性。低毒。

（3）作用特点。农用硫酸链霉素对多种作物的细菌性病害有防治作用。对一些真菌病害也有一定的防治作用。

（4）剂型。70%可溶性粉剂。

（二）使用方法

防治大白菜软腐病。发病初期开始喷药,每隔 7～10 天喷一次,共喷 3～4 次,每次每公顷用 72%农用硫酸链霉素可溶性粉剂 208.3～416.7 克,加水 1 125～1 500 千克,搅匀喷雾。

（三）注意事项

（1）本剂不能与碱性农药或碱性水混合使用。

（2）喷药 8 小时内遇雨应补喷。

九、武夷菌素

（一）简介

（1）通用名称。武夷菌素。

（2）其他名称。BO－10,轮黑净。

（3）毒性。低毒。

（4）作用特点。武夷菌素为广谱杀菌剂,是由不吸水链霉菌武夷变种产生的抗生素,对多种蔬菜病原真菌有抑制作用。

（5）剂型。2%水剂。

（二）使用方法

（1）防治黄瓜、番茄、辣椒、茄子等作物白粉病。用 2%武夷菌素（BO－10）水剂 200 倍液喷施。

（2）防治黄瓜、番茄、韭菜等作物灰霉病。用 2%武夷菌素（BO－10）水剂 200 倍液喷施。发病后初期开始用药,7 天 1 次,连喷 3 次。

（3）防治黄瓜黑星病。用 2%武夷菌素（BO－10）水剂 150

倍液与 50% 多菌灵可湿性粉剂 500 倍液混用喷施,一定要在发病初期喷,每隔 6~7 天喷 1 次,连喷 3~5 次。

(4)防治番茄叶霉病。用 2% 武夷菌素(B0－10)水剂 250 倍液,发病初期防治,隔 7 天喷 1 次,一般喷 2 次。因叶霉发生在叶背面,不容易喷到,所以喷药要仔细,叶背面要喷到,否则影响效果。

十、宁南霉素

(一)简介

(1)通用名称。宁南霉素。

(2)其他名称。菌克毒克。

(3)毒性。低毒。

(4)作用特点期。本剂是由诺尔斯链霉菌西昌变种菌株,经深层发酵而生产的胞嘧啶核苷肽型广谱抗生素杀菌剂,以其菌种采集地宁南县而定名。本剂是我国首例能防治植物病毒病的抗生素,并兼有防治真菌和细菌病害的作用,具有预防、治疗作用,抗雨水冲刷。据试验,对烟草花叶病有特效,对小麦和蔬菜白粉病及水稻白叶枯病等防效很好。目前该剂主要用于防治烟草花叶病。

(5)剂型。2% 水剂。

(二)使用方法

防治蔬菜白粉病:包括黄瓜白粉病、豇豆白粉病等,用 2% 水剂 260~400 倍液喷雾,每隔 7~10 天喷 1 次,连喷 2~3 次。

(三)注意事项

(1)本剂不可与碱性物质混用,以免降低防治效果。

(2)在烟草上施用,药液浓度不要高于 100 毫克/升,即不要高于 200 倍液,否则有轻微药害。

(3)施药时期宜早。应立足预防用药,防病效果更好。

十一、新植霉素

(一)简介

(1)通用名称。新植霉素。

(2)其他名称。新植,链霉素·土。

(3)毒性。本剂为低毒杀菌剂,对小白鼠急性经口 $LD_{50} \geqslant$ 10 000 毫克/千克,经皮 $LD_{50} \geqslant 10\,000$ 毫克/千克,对家兔眼睛、皮肤无刺激性。对人、畜和环境安全。

(4)剂型。90% 可溶性粉剂。

(二)使用方法

该产品是防治各种作物细菌性病害的特效药,每公顷用药 167~217 克,于作物定株后开始用药,每隔 7~10 天喷 1 次,幼苗期适当减少用药量,其他生育期视病情轻重相应增加或减少用药量。本剂在作物发病前或发病初期效果最佳。

(1)防治黄瓜细菌性角斑病。每亩用90%可溶性粉剂12~14 克,对水 50 千克,在发病初期喷雾。

(2)防治大白菜软腐病、叶枯病。每亩用90%可溶性粉剂 12 克,对水 50 千克,在包心结球期喷雾。

(3)防治辣椒疮痂病。每亩用90%可溶性粉剂12克,对水 50 千克,在发病初期喷雾。

(4)防治西瓜果腐病。用90%可溶性粉剂 200 毫克/升药液,在发病初期喷雾。

(三)注意事项

(1)喷药时应将叶片正反两面均匀分布,不漏喷。

(2)本剂不宜与碱性农药混用,可与酸性农药混用。现配现用。

(3)贮存在干燥、通风处,防潮湿。

十二、寡雄腐霉

(一)简介

(1)通用名称。寡雄腐霉。

(2)其他名称。多利维生。

(3)毒性。本剂为低毒杀菌剂。

(4)作用特点。寡雄腐霉是植物致病真菌的天敌,具有广谱、高效、抗病、促长、增产、环保的特点。其活性成分的菌丝以吸附、缠绕和穿透等方式寄生在致病真菌体内,抢夺其营养将其致死。由寡雄腐霉产生大量的蛋白酶、脂肪酶、$\beta - 1,3 -$ 葡聚糖酶、纤维素酶和几丁质酶,能够抑制病原菌菌丝生长。寡雄腐霉能够促进细胞壁增厚,从而提高植物抵抗致病真菌浸染的能力。寡雄腐霉在植物体内产生的真菌蛋白拟激发素寡雄蛋白能够诱导植物产生抗病能力。寡雄腐霉具有极广的杀菌谱,可以有效防治由疫霉属、灰霉菌属、轮枝菌属、镰刀菌、盘核霉、丝核菌属、链格孢属、腐霉属、葡萄孢霉、蠕孢菌、根串珠霉菌属、粉痂菌属等引起的真菌病害。寡雄腐霉可提高作物体内吲哚乙酸的合成,促进植物根系增长,达到增加幼苗成活率,提高植株健康。寡雄腐霉为纯天然产品,长期使用不会产生抗药性。在地下水、溪流等自然环境保护区域可以放心使用。

(5)剂型。6×10^6孢子/克可湿性粉剂。

(二)使用方法

(1)拌种。播种前用寡雄腐霉(多利维生)6×10^6孢子/克可湿性粉剂1 000倍液拌种,可有效杀灭种皮内附着的病原真菌,促进根系生长。取寡雄腐霉(多利维生)1克,加水1千克,将待拌的种子装入大容器中,用喷雾器将稀释液均匀喷到种子上,边喷边搅拌使种子表面全部湿润。拌匀后晾干,即可播种。每亩用量3~6克。

（2）灌根。番茄移栽后使用寡雄腐霉 6×10^6 孢子/克可湿性粉剂 10 000 倍液灌根 1 次,可有效杀灭土壤内的病原真菌,控制土壤病害的发生。

（3）叶片喷施。番茄生长前期,使用寡雄腐霉(多利维生) 6×10^6 孢子/克可湿性粉剂 7 500 倍液连续喷施 3 ~ 4 次,间隔 15 天左右,可提高番茄抗性,有效预防病害发生,提高产量,确保番茄高产稳产。

（4）大棚内番茄病害发生初期,使用寡雄腐霉 6×10^6 孢子/克可湿性粉剂 7 500 倍液喷施病害部位,可有效杀灭病原真菌,间隔 7 天左右,连续喷施两次。

十三、菇类蛋白多糖

（一）简介

（1）通用名称。菇类蛋白多糖。

（2）其他名称。抗毒剂 1 号、抗毒丰。

（3）毒性。低毒。

（4）作用特点。本剂为生物制剂,预防型抗病毒剂。对病毒起抑制作用的主要组分为食用菌菌体代谢所产生的蛋白多糖,由于制剂内含丰富的氨基酸,还有增产作用。

（5）剂型。0.5% 水剂。

（二）使用方法

（1）防治番茄病毒病。用抗毒剂 1 号 300 倍液,共施 5 次,5 天 1 次,第 1 次施药在幼苗 4 片真叶期。

（2）防治大蒜花叶病。发病初期喷洒抗毒剂 1 号水剂 250 ~ 300 倍液,隔 10 天左右 1 次,连防 2 ~ 3 次。也可用抗毒剂 1 号水剂 250 倍液灌根,每株灌稀释后的药液 50 ~ 100 毫升,隔 10 ~ 15 天灌 1 次,共灌 2 ~ 3 次。还可防治黄瓜绿斑花叶病。

(三)注意事项

避免与酸性、碱性农药混用。

十四、氨基寡糖素

(一)简介

(1)通用名称。氨基寡糖素。

(2)其他名称。施特灵、好普、净土灵、好产。

(3)毒性。低毒。

(4)作用特点。该药对某些病菌的生长有抑制作用,如影响真菌孢子萌发,诱发菌丝形态发生变异,菌丝的胞内生化反应发生变化等。诱导植物产生抗病性的机理主要是,激发植物基因表达,产生具有抗菌作用的几丁酶、葡聚糖酶、保卫素及 PR 蛋白等;同时具有抑制病菌的基因表达,使菌丝的生理生化变异,生长受到抑制,同时具有细胞活化作用,有助于受害植物的恢复。促根壮苗,增强作物的抗逆性,促进植物生长发育。

(5)剂型。0.5% 水剂。

(二)使用方法

氨基寡糖素可用于多种蔬菜、瓜果及经济类(烟草、人参、三七)作物防治由真菌、细菌及病毒引起的多种病害,对于保护性杀菌剂作用不好的病害防效尤为显著,同时有增产作用,经大田试验防病效果达55%以上,增产效果达8%～30%。可广泛应用于各种植物,一般每亩用量为0.5～2.0克(有效成分)。

(1)浸种。播种前,用0.5%水剂稀释400～500倍液,浸种6小时。

(2)灌根。发病初期,用0.5%水剂稀释300～400倍液,根部灌浇1～2次。

(3)叶面喷施。在作物发病初期稀释600～800倍液(75～100毫升/亩加水60千克)喷施。每隔7～10天1次,连用2～3

次。在作物发病前期或幼苗期早用药,可达到事半功倍的效果。

(4)防治番茄晚疫病。每亩每次用有效成分 1~1.2 克的制剂 300~400 倍液进行叶面喷雾。

(三)注意事项

(1)不得与碱性农药和肥料混用。

(2)为防止和延缓抗药性,应与其他有关防病药剂交替使用,每一生长季中最多使用 3 次。

(3)与保护剂混用,可增加药效。

十五、阿密西达

(一)简介

(1)通用名称。阿密西达。

(2)其他名称。安灭达,绘绿。

(3)毒性。低毒。对人、畜和天敌安全,不污染环境。

(4)作用特点。本剂是 20 世纪 70 年代,从生长在热带雨林的可食黏液密环菌中发现的一类天然抗菌物质,经仿生合成制得。具备很高的杀菌活性,又具有对作物极佳的安全性,同时,保留了其天然母体对哺乳动物低毒和无害于环境的优良特性。本剂能防治卵菌、子囊菌、担子菌和半知菌四大类真菌引起的多种真菌病害。杀菌谱广,防效好。杀菌机理是抑制病菌细胞粒线体呼吸作用,破坏病菌能量合成而导致死亡。还具有传导性好、持效期长的特点,减少施药次数,节省农药成本。促进作物生长,提高产量,改善品质的作用也很显著。

(5)剂型。25% 悬浮剂。

(二)使用方法

(1)防治瓜类白粉病、霜霉病、炭疽病、蔓枯病、叶枯病,用 100~200 毫克/升浓度药液喷雾。

(2)防治苹果黑星病、斑点落叶病、白粉病、轮纹病、黑点病、煤污病等,用 100~200 克/升浓度药液喷雾。个别品种慎用。

(3)防治梨黑星病、黑斑病、轮纹病。用 100~200 毫克/升浓度药液喷雾。

(三)注意事项

(1)在病害发生初期施药,利于提高防效。

(2)喷药时,必须加足水量,使作物表面充分接触药剂。

(3)施药时,选择优良的药械,使雾化良好,喷雾均匀、周到。

(4)药剂可与大多数杀虫剂、杀菌剂混用。

(5)贮存在阴凉、干燥、通风处,防止受冻。

十六、咯菌腈

(一)简介

(1)通用名称。咯菌腈。

(2)其他名称。适乐时。

(3)毒性。原药毒性很低。

(4)作用特点。适乐时有效成分对子囊菌、担子菌、半知菌的许多病原菌有非常好的防效。当用适乐时处理种子时,有效成分在处理时及种子发芽时只有很小量内吸,但却可以杀死种子表面及种皮内的病菌。有效成分在土壤中不移动,因而在种子周围形成一个稳定而持久的保护圈。持效期可长达 4 个月以上。咯菌腈(适乐时)处理种子安全性极好,不影响种子出苗,并能促进种子提前出苗。适乐时在推荐剂量下处理的种子在适宜条件下存放 3 年不影响出芽率。

(5)剂型。2.5%、10%悬浮种衣剂。

(二)使用方法

本剂适用作物为蔬菜、马铃薯等。防治对象有马铃薯立枯病、疮痂病;蔬菜枯萎病、炭疽病、褐斑病、蔓枯病。咯菌腈(适乐时)悬浮种衣剂拌种均匀,成膜快,不脱落,既可供农户简易拌种使用,又可供种子行业批量机械化拌种处理。蔬菜每100千克种子用2.5%适乐时400~800毫升。

(1)手工拌种。准备好桶或塑料袋,将咯菌腈用水稀释(一般稀释到2升/100千克种子),充分混匀后倒入种子上,快速搅拌或摇晃,直至药液均匀分布到每粒种子上(根据颜色判断)。若地下害虫严重可加常用拌种剂混匀后拌种。

(2)机械拌种。根据所采用的拌种机械性能及作物种子,按不同的比例把咯菌腈加水稀释好即可拌种。例如,国产拌种机一般药种比为1:60,可将咯菌腈加水稀释至1 660毫升/100千克;若采用进口拌种机,一般药种比为1:(80~120),可将咯菌腈加水调配至800~1 250毫升/100千克种子的程度即可开机拌种。

(三)注意事项

(1)勿使药物溅入眼或沾染皮肤。进食、饮水或吸烟前必须先洗手及裸露皮肤。

(2)农药泼洒在地,立即用沙、锯末、干土吸附,把吸附物集中深埋。曾经泼洒的地方用大量清水冲洗。

(3)用剩种子可以贮放3年,但若已过时失效,绝对不可把种子洗净作饲料及食品。

(4)无专用解毒剂,对症治疗。

第五章 绿色农产品生产允许使用的矿物性农药

一、硫酸四氨络合铜

(一)简介

(1)通用名称。硫酸四氨络合铜。

(2)其他名称。络氨铜。

(3)毒性。对人、畜低毒。

(4)作用特点。是一种高效、安全的广谱杀菌剂,对真菌、细菌性病害有良好的防效,同时又是植物生长激素。主要用于防治黄瓜角斑病、番茄疫病、苹果腐烂病、葡萄霜霉病、西瓜枯萎病、芹菜褐斑病、白菜软腐病等病害,通常将 14% 水剂稀释 150~300 倍液使用。

(5)剂型。14%、25% 水剂。

(二)使用方法

(1)防治黄瓜(长蠕孢)圆叶枯病、辣椒白星病、豇豆煤霉病、大蒜叶枯病发病初期喷洒 25% 硫酸四氨络合铜水剂 500 倍液,隔 10 天喷 1 次,连喷 2~3 次,采收前 3 天停止用药。

(2)防治芹菜软腐病,洋葱球茎软腐病用 14% 硫酸四氨络合铜水剂 350 倍液,隔 7~10 天喷 1 次,连喷 2~3 次,药液要喷到茎基部。

(3)防治甘蓝黑腐病、大白菜褐腐病、黑腐病发病初期喷洒硫酸四氨络合铜水剂 350 倍液。每亩喷洒药液 50 升,隔 10 天左右喷 1 次。连喷 2~3 次。但对铜敏感的品种须慎用。

（4）防治苹果圆斑根腐病：在清除病根基础上,可试用 15% 水剂 200 倍液浇灌病根部位,至病根部位土壤灌湿为止。

（5）防治杏疔病：在杏树展叶后,开始喷 15% 水剂 300 倍液 2 次,间隔 10～15 天。

二、铜高尚

（一）简介

（1）通用名称。铜高尚。

（2）其他名称。三元基铜。

（3）毒性。低毒。对人、畜安全,不污染环境。

（4）剂型。27%、12% 悬浮剂。

（二）使用方法

（1）该制剂对 50 多种作物,如苹果、梨、葡萄、枣树、柑橘、番茄、黄瓜、西瓜、香瓜（甜瓜）、辣椒、甜椒、茄子、马铃薯、甘蓝、大白菜、花椰菜、萝卜、豆类（菜豆、豇豆、豆角）、芦笋、圆葱、葱、蒜、芹菜、烟草、棉花、药用植物、花卉等细菌性、真菌性及藻类病害 150 多种有明显的防治效果。在病害发病前或发病初期喷药,一般用 500～800 倍药液。如苹果轮纹病、斑点落叶病,梨黑星病、轮纹病、锈病,葡萄霜霉病、黑痘病、房枯病、白粉病,枣树锈病、褐斑病、炭疽病等,用 500～800 倍液,均匀喷洒,每隔10～15 天喷 1 次,一般喷 3～5 次。在干旱少雨地区,苹果应在谢花一个月后喷药;沿海多雨、多雾区宜在 7 月上旬开始喷药。

（2）番茄早疫病、晚疫病、灰霉病、溃疡病,黄瓜霜霉病、细菌性角斑病、灰霉病、疫病,辣椒（甜椒）疫病、枣疯病、细菌性叶斑病、茄子早疫病、晚疫病、绵疫病等在发病前或发病初期,用 500～600 倍液均匀喷药,每隔 7 天喷 1 次,连续喷 3～4 次。

（三）注意事项

（1）该产品为中性,不能与强酸、强碱的肥料、农药混配,可大部分农药混配,尤其是内吸杀菌剂如多菌灵、甲基硫菌灵等混配,防效更佳。

(2)该产品悬浮性和附着力强,耐雨水冲刷,保存期长达4年。

(3)该产品含有作物需要的微量元素,不含有机溶剂,对作物安全,不易发生药害,并且对人、畜、环境毒性低,对作物无残留,是生产无公害蔬菜、果品的优良药剂。

三、噻菌铜

(一)简介

(1)通用名称。噻菌铜。

(2)其他名称。龙克菌。

(3)毒性。低毒。对鸟、鱼、蜜蜂、家蚕低毒,对人、畜安全。

(4)剂型。20%悬浮剂。

(5)作用特点。本剂对作物细菌性病害特效,对真菌性病害高效。具有内吸性,且有很好的保护(预防)和治疗作用。

主要防治大白菜软腐病、瓜类角斑病、青枯病、枯萎病;果树、蔬菜叶斑病、青枯病、轮纹病、炭疽病等20余种作物60多种病害。

(二)使用方法

(1)一般作物使用500~700倍液细喷雾,叶面喷湿为宜。根部病害以1 000~1 200倍液粗喷或浇洒在基部,持效期为10~12天。

(2)应以预防为主,在初发期防治药效更佳。若发病较重,可每隔7~10天防治1次,连续防治几次。

(三)注意事项

(1)使用时,先用少量水将悬浮剂搅拌成浓液,然后对水稀释。

(2)本制剂属低毒农药,但使用时仍应遵守农药安全操作规程。

（3）对铜敏感的作物在花期及幼果期慎用或在农技部门指导下使用。

（4）本剂在酸性条件下稳定，可与各种杀虫剂、杀螨剂、杀菌剂混用，但不能与强碱性农药混用，两药混用时，必须先将药加水稀释后，再加另一药混合。

四、氢氧化铜

（一）简介

（1）通用名称。氢氧化铜。

（2）其他名称。可杀得。

（3）毒性。低毒。对人、畜安全。对鱼类等水生动物毒性较高。

（4）作用特点。原药为蓝色粉末，为保护性铜基广谱杀菌剂。适用于预防瓜、果、菜、茶、烟等作物的主要真菌和细菌性病害。药剂颗粒细微，扩散和附着性好，施药后能均匀地黏附在植物表面，不易被雨水冲失，病菌不产生抗药性，并具有刺激作物增产作用。在细菌病害与真菌病害混合发生时，施用本剂可以兼治，节省农药和劳力。

（5）剂型。77%可湿性粉剂。

（二）使用方法

可防治多种作物的细菌和真菌病害。包括黄瓜、番茄、辣椒、双豆、烟草、西瓜、甜瓜、人参、柑橘等。施药浓度为 500～800 倍液。可杀得在我国登记的作物为番茄和柑橘，其用法如下：

（1）防治番茄早疫病在发病前或发病初期施药，用 500～700 倍液喷雾。每隔 7 天喷 1 次，连喷 2～3 次。可以兼治晚疫病、疮痂病、灰霉病等。

（2）本剂对黄瓜疫病、炭疽病、细菌性角斑病；芹菜斑枯病、早疫病;辣椒炭疽病、疮痂病等,用 500～700 倍液喷雾,每隔 6～7天1次,连喷3～4次。

(三)注意事项

(1)不要与强酸、强碱性农药以及肥料混用。与其他农药混用时,先将本剂溶于水,搅匀后再加入其他药剂;要掌握在发病前或发病初期施药,并坚持连喷2～3次,以发挥其保护剂的特点。

(2)苹果、梨、桃、李等敏感作物,在花期及幼果期(坐果后3个月内)禁用。

(3)因对水生动物毒性较高,使用过程中避免污染鱼塘和江河。

五、波尔多液

(一)简介

(1)通用名称。波尔多液。

(2)毒性。低毒。对人、畜和天敌动物安全,不污染环境。

(3)作用特点。本剂是用硫酸铜和石灰配制成的天蓝色药液,因最早在法国波尔多城应用于防治葡萄病害而得名。本剂是保护性杀菌剂,喷药后能黏附在植物体表面形成一层保护药膜,起到防止病菌侵入和释放出铜离子杀死病菌的作用,适用于果树、蔬菜、中药材等防治多种病害使用。

(4)剂型。依据硫酸铜与石灰配合量的不同,分为石灰少量式、石灰半量式、石灰等量式、石灰多量式、石灰倍量式、石灰三倍量式、硫酸铜半量式等。波尔多液一般为生产农户自行熬制,可根据当时需要,确定哪一种配比剂型。

(二)使用方法

(1)防治蔬菜病害

①防治猝倒病、立枯病、灰霉病:可采用石灰等量式即1:1:

(300~500)倍液喷雾。

②防治黄瓜霜霉病:前期用1:1:400倍液,后期用1:0.5:250倍液,即用石灰少量式,以提高防效。

③防治黄瓜疫病:用1:1:(200~250)倍液。

④防治番茄早疫病、晚疫病、斑枯病、叶霉病,菜豆炭疽病、叶烧病。用1:1:200倍液。

⑤防治马铃薯晚疫病、早疫病:用1:1:100倍液。

⑥防治西瓜炭疽病:用1:0.5:240倍液。波尔多液的持效期为7天左右,在第1次喷药后隔7天再喷1次,连喷3~4次。施用波尔多液后,对防治靶标外的气传和水传的其他真菌病害,也有一定的兼治作用。

(2)防治果树病害

①防治苹果早期落叶病、炭疽病、轮纹病:用1:2:200倍药,即石灰倍量式。因苹果树对铜抗性差,减少硫酸铜用量可保证安全。

②防治梨黑星病:早期用1:2:250倍液,后期用1:2:200倍液。

③防治葡萄霜霉病:用1:0.5:200倍液。防治果树病害,一般隔15天施1次药,可连喷2~3次。上述波尔多液配制比例依次为硫酸铜、石灰、水。果品、蔬菜在收前15~20天停止施药,以防影响果品和蔬菜外观。

(三)注意事项

(1)番茄、辣椒、瓜类、马铃薯、葡萄等,对石灰敏感,宜采用石灰量少的波尔多液。

(2)白菜、大豆、梨、苹果等对铜敏感,一般不宜用波尔多液。必须用时,用石灰倍量式。

(3)波尔多液要现配现用,应用木质或陶制容器配制,以防腐蚀。不能贮存于铁质、钢质容器中,也不能在喷雾器中放置过久。施药后喷雾器应及时清洗,以防腐蚀。

(4)选择阴湿天气或晴天露水未干前施药,以防发生药害。喷药后如遇大雨冲刷,应在雨停后及时补喷 1 次,继续起到保护作用。

六、王铜

(一)简介

(1)通用名称。王铜。

(2)其他名称。氧氯化铜,好宝多,碱式氯化铜。

(3)毒性。低毒。

(4)剂型。30% 悬浮剂,50%、84.1% 可湿性粉剂,10%、25% 粉剂。

(5)作用特点。广谱性的保护性杀菌剂,当药剂喷布在植物表面,形成一层保护膜,在一定湿度条件下,释放出铜离子杀菌,起到防治病害的作用。用于防治柑橘溃疡病、柑橘疮痂病、瓜类霜霉病、疫病、番茄叶斑病以及多种作物的炭疽病等。

(二)使用方法

(1)防治柑橘溃疡病,于发病前或发病初期,用 30% 氧化铜悬浮剂 600~800 倍液喷雾,每隔 7~15 天喷 1 次,连续 2~3 次。喷雾要求做到均匀,喷至植株滴水为止。

(2)防治苹果、梨病害。在苹果、梨生长的中后期,喷洒 30% 氧氯化铜 400~500 倍液,可防治苹果轮纹烂果病、炭疽病、褐斑病、煤污病、蝇粪病、梨黑星病、褐斑病等。田间持效期 10 天左右。

七、琥胶肥酸铜

(一)简介

(1)通用名称。丁戊己二元酸铜。

（2）其他名称。二元酸铜，琥珀肥酸铜，琥珀酸铜，DT，田丰，角斑灵。

（3）毒性。低毒。

（4）作用特点。琥胶肥酸铜是一定比例的混合二元酸（丁二酸、戊二酸、己二酸）的铜盐。外观为淡蓝色固体粉末。具有保护作用，兼有治疗作用。杀菌谱广，防治对象基本上与波尔多液相同，但对细菌性病害以及真菌中霜霉菌和疫霉菌引起的病害防效优于一般药剂。并对植物生长有刺激作用。

（5）剂型。30%悬浮剂、50%可湿性粉剂。

（二）使用方法

（1）黄瓜细菌性角斑病、芹菜软腐病。在病害发生初期，用50%可湿性粉剂800～1 000倍液喷雾，隔10天左右喷施1次，对黄瓜细菌性角斑病有较好的预防效果。

（2）防治黄瓜疫病、番茄和马铃薯疫病。在发病前开始用50%可湿性粉剂500～700倍液喷雾，隔7～8天再喷施1次。

（3）防治黄瓜霜霉病、白粉病。用50%可湿性粉剂800～1 000倍液喷雾，隔10天左右喷施1次。

（4）防治茄子黄萎病、番茄青枯病、菜豆枯萎病。在茄子定植缓苗后发病前，用30%悬浮剂350倍液灌根。灌根时先在茄子基部挖一浅穴，每株灌药液0.25～0.5千克，灌后覆土。每隔7～10天1次，连续防治3次。

（5）苹果树腐烂病。用30%琥胶肥酸铜悬浮剂20～30倍液，涂抹刮治后的苹果树腐烂病疤，7天之后再涂1次，具有防止病疤复发作用。

（6）葡萄黑痘病、霜霉病。在病菌侵染期和发病初期开始喷洒30%悬浮剂200倍液。

参 考 文 献

[1] 王运兵,姚献华,崔朴周. 生物农药. 北京:中国农业出版社,2005.

[2] 赵永贵. 生物农药. 北京:中国科学技术出版社,1995.

[3] 田毓起. 蔬菜病虫生物防治. 北京:金盾出版社,2000.

[4] 中国农业科学院蔬菜花卉研究所. 中国蔬菜栽培学. 北京:中国农业出版社,2010.

[5] 中华人民共和国农业行业标准. 无公害食品. 中华人民共和国农业部发布,2001.

[6] 中华人民共和国农业行业标准. 无公害食品(第二批)种植业部分. 中华人民共和国农业部发布,2001.

[7] 吴文君,高希武. 生物农药及其应用. 北京:化学工业出版社,2004.

[8] 徐汉虹. 生产无公害农产品使用农药手册. 北京:中国农业出版社,2007.